혹한의 계절, 붉은 밤의 도시로 떠난
10박 12일의 미친 여행

인생이 쓸때, 모스크바

혹한의 계절, 붉은 밤의 도시로 떠난
10박 12일의 미친 여행

인생이 쓸 때, 오스바

김성주 지음

예담

문득, 인생이 쓰게 느껴지던 날

같은 음으로 강약 없이 흐르는 소음과 이따금 가슴 철렁하게 하는 흔들림. 어둠만이 가득한 이 공간을 그저 야간열차 안이라 생각하며 몇 시간째 잠을 청해보지만 그럴수록 정신은 또렷해진다. 낯선 소리는 시간이 갈수록 점점 크게 울리고 손바닥 크기의 창 너머로는 그저 하얗게 눈 덮인 이름 모를 대지만이 끝없이 펼쳐져 있다.

'나는 지금 어디쯤 와 있을까?' 인천을 출발해 모스크바로 향하는 대한항공 KE926편은 11시간의 비행 중 절반 정도를 건넜다. 그리고 나는 여전히 남의 이야기 같기만 한 단어들을 혼잣말로 되뇌는 중이다. '러시아', '모스크바', '여행' 그리고 이 모든 것의 시작을. 이쯤 되니 이 비행飛行, 아니 비행非行을 정말 내가 선택한 것인지조차 혼란스러워진다.

"김 대리, 내가 지시한 사항은 확인했나?"

"김 대리, 다시 확인했나? 왜 이야기가 없지?"

"김 대리, 아직도 그쪽에서 연락 없나?"

흔치 않지만 가끔 그런 날이 있다. 상대가 유독 신경질적인데 그날따라 나 역시 곧 불이 붙을 것 같은. 평소 같으면 '허, 오늘따라 심하시네' 라며 넘겼을 말에 그땐 왜 그리 발끈했던지. 동료의 말에 따르면 사무실을 나서는 내 거친 숨소리가 꽤나 멀리서도 들렸다고 한다. 나는 종종 광합성을 핑계로 찾던 연남동 파출소 앞 놀이터의 작은 벤치에 앉아 긴 한숨을 쉬었다.

쉽게 얻은 직장은 아니었다. 수백 장의 이력서, 오매불망 휴대폰만 바라보는 합격자 발표일 같은 청춘만의 날카로운 특권(?)은 누리지 못했지만 나 역시 '직업'란 앞에서 작아지는 내 모습과 부모님의 한숨소리 정

도는 겪어보았으니. 다행히 기다림 끝에 얻게 된 직장에서 운 좋게도 평소 관심 있던 일을 하게 되었고 출퇴근길 인파 속에서 유난스럽지 않게 서른을 맞이했다. '좋아하는 일이 직업이 되는 건 행운'이라며 거들먹거릴 수 있었던 그 시간은 내내 휘청거리던 내 이십대의 몇 안 되는 행운이 아니었을까.

시간이 지나고 '대리'라는 새 이름이 생겼다. 그때쯤 성은 저마다 다르지만 같은 이름으로 불리는 내 또래의 고민이 나에게도 어김없이 찾아왔다. 반복되는 일에 대한 권태, 내가 원하는 것과 현실적으로 가능한 것 사이의 괴리감에 종종 화가 났다. 하지만 거기까지였다. 끊임없이 이 평범한 생활의 소중함을 곱씹었던 그 시절의 내겐, 멋지게 사표를 던지는 일이란 드라마 속 주인공에게나 가능한 일이었다. 그 작은 벤치에서 허공에 욕 몇 마디 뱉어내는 것으로 대부분의 일은 그럭저럭 괜찮아졌다. 물론 그날도 그럴 거라 믿었다. 늘 아닌 척 연기를 했어도 사실 나는 겁이 많은 어른이었으니까.

"저, 그만두겠습니다."

오후 6시 정각이 되기만을 기다리며 오후 내내 준비한 한마디였다. 뒤돌아 나가는 길에 씩 웃어 주리라 다짐했다. 하지만 수많은 연습이 무색하게도 목소리가 바들바들 떨렸다. 도망치듯 건물 밖으로 나온 나는 길게 한숨을 쉬었다.

'젠장, 끝까지 뭐 하나 제대로 되는 것 없는 하루네.'

집에 가는 내내 화끈거리는 양쪽 뺨은 식을 줄을 몰랐다.

"이봐 김 대리. 열심히 하고 있는 것 알아."

"갑자기 그런 말을 해서 당황스러웠네."

"그래, 김 대리 힘든 거 알아. 하지만 직장 생활이 다 그런 거 아니겠어?"

다음 날 아침, 각오했던 면담 시간에는 '아마 이런 말을 듣게 되겠지'라고 예상했던 문장들이 이어졌다. 그저 '네'라는 짧은 대답과 함께 고개만 끄덕였다. 그는 앞으로의 계획을 물었고 나는 미리 준비한 답을 했다. 짧게는 남은 한 해, 길게는 마흔 살까지의 계획이라며 이야기를 늘어놓았다.

'그래, 이게 그대로 되면 얼마나 좋겠어.'

내 예상과 달리(?) 일사천리로 사표가 수리되었고 곧바로 퇴사일이 결정되었다. 역시 나는 그들에게 그리 중요한 존재가 아니었다. 하지만 씁쓸한 위안도 그날뿐, 남은 50여 일의 시간은 전과 다름없이 흘렀다. 몇 번의 프로젝트를 더 맡았고 야근이 이어졌다. 다만 퇴사일이 정해지니 회사 다니는 것이 어쩜 그리 재미있던지.

그렇게 예상보다 일찍 찾아온 송별회에선 밤이 깊도록 처음이자 마지막으로 내가 주인공이 된 것을 만끽했다. 평소 하지 않던 덕담이며 아부까지 탈탈 털었던 것을 보니 기분이 무척 좋았나 보다.

작별인사 후 쓰러지듯 택시 뒷좌석에 몸을 싣고 시계를 보았다. 이제 막 자정을 지난 시각, 소란 후의 깊은 정적이 엔진 소리 따위 가볍게 삼키고 택시 안을 가득 채웠다.

'남들처럼 그저 그렇게 흘러가는 것이 나았을까, 김 대리?'

3년, 대리, 서른둘. 내 인생의 한 장이 이렇게 넘어갔다.

김 대리의 삶을 그만둔 그 시절 내 하루는 무척 길었고 일주일은 몹시 짧았다. 오랜만에 꺼내 입은 '무소속'이란 옷은 기대만큼 자유롭지도 유쾌하지도 않았다. 출근하는 회사원들 틈에 섞여 횡단보도에 서 있던 어느 날 아침엔 나 혼자 수영복을 입고 있는 듯한 기분이 들기도 했다. 횡한 벌판 같은 하루 위에서 나는 무엇이든 할 수 있는 사람이었지만 동시에 아무것도 하지 않는 사람이었다. 하지만 너무나 광활해 오히려 옴짝달싹 할 수 없었던 새 일상도 이내 첫발을 내딛게 되었다. 나는 평소엔 비싸서 가지 못했던 식당의 런치 메뉴를 찾아다녔고 한적한 오후의 갤러리를 새롭게 발견했다.

그사이 새롭게 해야 할 일들도 생겼다. 일주일에 두 번 캘리그래피 수업을, 매주 수요일에는 탭댄스 강습을 들었다. 그리고 얼마 지나지 않아 단체 전시와 소극장 공연에 지인들을 초대하게 되었다. 그들 앞에서 여전히 나는 '무직'이었지만 그것이 더는 '무능력'으로 보이지 않게 된 것만으로도 충분했다. 단 하나, 종종 귀갓길 지하철 안에서 이유 모를 답답함과 조급함이 가슴 언저리를 눌렀던 것만 빼면.

'불금'의 열기로 거리를 매운 빽빽한 인파를 빠져 나와 지하철을 기다리던 10월의 금요일. 연례행사처럼 이따금 얼굴을 보던 후배와의 약속이 있었다. 밥을 먹고 연이어 차를 마시는 동안 우리는 습관처럼 서로의 근황을 묻고 일상을 이야기했지만 대화 사이에는 자꾸 공백이 생겼다.

지루함에 연거푸 쓴 커피만 들이켰다.

차라리 지난주처럼 커튼 친 방에서 혼자 옛날 영화나 보는 게 나았을까. 식어버린 기분을 떨치려 신발 끝으로 바닥을 콕콕 누르던 합정역의 어느 스크린도어 앞, 무심히 좌우로 움직이던 눈이 한 곳에서 멈췄다. 광고판 속 풍경은 화려한 색으로 먼저 나를 현혹시켰다. 마치 그림처럼 인쇄된 한 건축물을 보자, 나는 그것이 이제껏 내가 보았던 '인간이 만든 것'들 중 가장 아름답다는 생각을 했다. 나란히 서 있는 금발 미녀보다도 훨씬 더.

눈을 깜빡이는 것도 잊은 채 광고판을 아래에서 위로, 또 위에서 아래로 몇 번이나 훑어보았을까? 집으로 향하는 지하철이 얼추 예닐곱 대쯤 지나갔다.

'그러니까 저게 실제로 있는 거란 말이지, 러시아에?' 그것이 사건의 발단이었다.

세계에서 가장 큰 나라이자 할리우드 영화의 단골 악당. 1년 365일 눈이 쌓여 있는 겨울 도시. 눈 한번 잘못 마주쳤다간 불곰에게 종일 쫓겨야 하는 무서운 동네. 심지어 우리 어머니는 아직도 이곳을 '쏘련'으로 알고 계신다.

러시아, 이름이야 많이 들어보았지만 정작 그곳에 대해 내가 아는 것은 다 긁어 모아봐야 보잘 것 없는 수준이었다. 그리고 그마저도 절반이 틀렸다는 사실을 그곳에 다녀오고 나서야 알게 되었다.

그저 인터넷 서핑 중 '불곰국의 흔한 풍경.jpg' 따위의 제목으로 주택

가에 불곰이 나타난다던가, 명태를 놓아두니 잠시 후 동태가 되었다던가 하는 우스갯소리를 보며 킥킥대던 것이 그때까지 내가 러시아를 보고 듣는 방식의 전부였다. 어느 날은 끼어들기를 한 운전자에게 총구를 겨누는 무시무시한 장면을 보며 '사람 살 곳 못 되네' 하고 겁을 집어 먹기도 했다. 그러니 '여행' 같은 한가로운 단어를 이곳에 접목해본 적이 있을 리 만무하다.

'거짓말, 내가 무슨 러시아를 가.' 지금의 내가 다시 그날로 날아가 미리 귀띔을 한다고 한들 이렇게 비웃고 말지 않을까. 확실히 단 한 번도 상상한 적이 없었다. 내가 모스크바행 비행기를 타게 될 것이라는 것을. 그것도 그때부터 채 한 달이 지나지 않은 시점에 말이다.

'그래, 저곳에 가야겠어.'

모스크바에 가고 싶어졌다. 환승역을 두 정거장이나 지나치는 동안 나는 광고판에서 본 것이 러시아 정교회의 성당이며, 내가 유일하게 할 줄 아는 게임인 '테트리스'에 나오는 바로 그 건물이라는 것을 구글 검색을 통해 알게 되었다. 걷잡을 수 없이 부풀어 오른 감정은 집에 도착한 후에도 쉬 가라앉지 않았다. 새로운 세상에 대한 호기심도 호기심이지만 그보다는 특별할 것 없던 내 일상을 깊이 찌르고 들어온, 그리고 순식간에 흩뜨린 저 침입자를 직접 만나고 싶어졌다.

사실 그 무렵 나도 누구나 그렇듯 '여행'을 떠올렸다. 종일 홀로 올레길을 걷는 상상을 했고 캠핑 도구를 자전거에 주렁주렁 달고 국토 일주를 하는 꿈을 꾸기도 했다. 때마침 텔레비전 방송과 책들은 한목소리로 여행과 청춘을 부르짖었다. 아마 나도 그들의 말마따나 여행이 모든 것을 해결해줄 거라 믿었는지도 모르겠다.

결국 그날 밤 나는 홀린 듯 인천발 모스크바행 왕복 티켓을 예약했다. 정확히 말하면 자정이 두어 시간쯤 지나서였으니 다음 날에 벌어진 일이다. 떠나는 날은 새해 첫 월요일. 돌아오는 날은 열이틀 후 토요일이다. 모니터 위 'SVO'(셰레메티예보 국제공항, Sheremetyevo International Airport)라는 이니셜을 가만히 응시하는 동안 나는 묘하게 오금이 저려오는 것을 느꼈다. 그 기분을 떨치려 침대에 누운 뒤 스마트폰 날씨 앱에 낯선 도시의 이름을 등록하고 머리맡 테이블에 있던 수첩을 펴 커다란 글씨를 그렸다. 일종의 선전포고 같은 것이었달까.

"Trip to Moscow."

카드 승인 문자가 짧게 울리며 정적을 깼다. 무언가 들킨 아이처럼 그 소리에 벌떡 일어선 나는 불 꺼진 방에 한참을 우두커니 서 있었다.

'나는 지금 제정신이 아닌 거야.' 이제 한 달 조금 덜 되는 시간이 내게 주어졌다. 지금부터 모스크바에서 가고 싶은 곳과 보고 싶은 것, 그리고 먹고 싶은 것들이 무엇인지 생각해야 한다. 모스크바, 갑자기 이 낯선 이름이 지구 바깥에 있는 행성처럼 멀게 느껴졌다.

contents

1장

사 진 한 장에
홀려
미 친 여행을
떠 나 다

누 구 나   일 생 에
한 번 쯤
미 친   짓 을   한 다

주변의 조언을 구하거나 기대할 수 없는 미지의 땅 모스크바. 떠날 날
이 가까워졌음에도 내가 할 수 있는 것이라곤 블로거의 여행기를 엿보
거나 서점에서 '러시아'로 시작하는 제목의 책을 한두 권 구입하는 정도
였다. 도쿄, 방콕, 파리, 런던 같은 대표적인 여행지와 달리 모스크바는
그 흔한 가이드북 하나 찾기 힘들었다. 덕분에 '장소와 시간'에 맞춰 그
럴싸한 여행 계획을 세워보겠다는 포부는 일찌감치 고이 접어 넣었다.
그도 그럴 것이 지도를 봐도 대체 뭐가 어디 있는지 알 수가 없었다.

그저 내게 모스크바행 티켓을 강매(?)한 성 바실리 대성당Храм Василия Б
лаженного과 붉은 광장Красная площадь, 아르바트Арбат 거리의 이름 정도를

외워두는 것이 고작이었다. '그래 발 닿는 대로 느끼는 것이 여행이지'라고 생각하면서도 때때로 불안감이 엄습했다.

재미있게도 이 막막함은 그들의 언어, '러시아어'를 보는 순간 말끔히 해소되었다. 러시아어가 생각보다 쉬워서? 아니면 짧은 영어로 그들과 나의 간극을 메울 자신이 있어서? 물론 그럴 리 없다. 알파벳과 비슷하게 생겼지만 조합이며 발음이 딴 세상의 것 같고 가끔 상형문자 같은 것도 튀어나오는 러시아어는 그저 신기하기만 했다. 읽는다기보다 구경하는 것에 가까웠던 러시아어 인사말이며 기초회화를 보며 나는 그저 헛웃음만 지을 뿐이었다.

"쓰파.. 씨.. 바? Спасибо (고맙습니다)"

"즈..드라스뜨부이..찌예. Здравствуйте (안녕하세요)"

단기간에 익힐 수 없는 난어難語, 영어조차 잘 통하지 않는 도시라는 몇몇 블로거의 여행 후기를 본 후 나는 일찌감치 의사소통에 대한 두려움을 버리고 마음 편하게 생각하기로 했다. 내심 '시베리아 왕따'가 될까 걱정하기도 했지만 결론은 이미 정해져 있었다. 뭐 어쩌겠어? 가야지.

사람들은 일생에 한 번쯤 이해할 수 없는 결정을 하고 심지어 실제로 실행에 옮기곤 한다. 1년, 아니 며칠만 지나도 '대체 내가 무슨 생각으로 그랬지?'라며 뒤통수가 뜨끔해질 그런 실수 아닌 실수를 말이다. 그것이 묘수였는지 악수였는지는 제법 긴 시간이 지나서야 알 수 있다. 내게 '강요된' 이 여행이 내 가슴을 달굴 것인지 뒤통수를 칠 것인지도 한참 후에야 알 수 있을 것이었다. 하지만 한 가지는 확신할 수 있다. 언젠가 내 인생을 돌아볼 때 분명 여행이 다섯 손가락에 꼽히는 사건이 되리라는 것이다.

약속된 비행기 탑승 시간은 12시 35분이었다. 아침 7시, 침대에 걸터앉아 여행 가방만 노려보면 어쩌겠냐는 생각으로 집을 나서자 어머니는 '쏘련'이 정말 안전하냐고 물으시며 수년 전 일어난 비행기 사고 이야기를 늘어놓으셨다. 그녀는 내가 아는 사람 중 가장 걱정이 많으신 분이다. 빌라 앞 좁은 골목에서 달그락대며 여행 가방을 끌고 나오다 뒤를 돌아보니 여전히 창밖으로 고개를 내밀고 계셨다.

'괜찮아요 엄마, 연락할게요. …무사히 도착하면.'

도로에는 차가 무척 많았다. 생각보다 오래 걸리겠다는 생각에 의자를 뒤로 뉘었다. 나는 공항버스가 주는 설렘을 무척 좋아한다. 모두가 잠든 새벽녘에 집을 나서 공항버스 좌석에 반쯤 누운 자세로 '여행형 인간'으로 변신하는 기분은 특별하기 그지없다. 여행 때마다 한 권씩 새로 챙기는 수첩의 첫 페이지 역시 대부분 이 곳에서 시작되곤 한다.

하지만 월요일 출근 시간대의 공항 리무진 버스는 출근 차량 사이에서 마치 인력거 마냥 느릿하고 느긋했다. 멈춘 버스 안에서 보이는 건 짜증 가득 머금은 차들이요, 막힘없이 흐르는 건 시간뿐. 버스는 아침 10시가 다 되어서야 인천국제공항에 도착했다. 비행기를 놓치는 불상사는 면했지만 항공사 부스 앞 길게 늘어선 줄을 보며 돌아오는 길엔 그냥 공항 철도를 타기로 다짐했다. '가만, 나 돌아오긴 하겠지?'

모스크바행 비행기 티켓을 받고 나서야 주변을 둘러볼 여유가 생겼

다. 새해 첫 월요일 인천국제공항 풍경은 오직 여행만을 생각했던 내게 흥미로운 것들을 내보였다. 들썩들썩 설렌 여행자들의 뒷모습과 새해 벽두부터 시작된 해외 출장에 언짢아 보이는 비즈니스맨의 미간, 골프 여행이라도 떠나시는 듯 삼삼오오 모여 있는 지긋하신 노년 그룹의 호탕한 웃음소리, 한겨울을 피해 따뜻한 곳으로 신혼여행을 떠나는 커플의 정겨운 속삭임은 공항이 아니면 볼 수 없는 것들이었다. 사람 수만큼 다양했던 표정들을 보는 것으로 여행자의 낭만을 만끽했던 것도 잠시, 이내 무신경하고 무표정한 몇몇 여행자의 표정을 보며 묘한 긴장감이 단전부터 차오르기 시작했다.

입국 수속을 마치자마자 발견한 26번 게이트 앞 벤치에 일찌감치 자리를 잡았다. 면세점 쇼핑이며 여유로운 점심 식사 따위는 내게는 남 일이었다. 오른쪽 빈자리에 백팩을 내려놓으니 긴장마저 덜어낸 듯 조금 편안해졌다. 이륙을 100여 분 앞두고 게이트 앞에 모인 사람들 중 절반 가까이는 금발 머리와 높고 좁은 코를 갖고 있었다. 이제 내가 막 떠나려고 하는 곳으로 그들은 돌아가는 것이다. 그 이질감이 다른 언어를 쓰는 것만큼이나 새삼 신선하게 다가왔다.

제법 오래 머문 출국 게이트 앞은 매우 감정적인 공간이었다. 시작과 끝, 이별과 재회가 공존하는 공간에서 나는 내가 이제 막 출발점에 서 있음을 감사했다.

12시, 비행기 탑승이 시작되었다. 게이트 앞은 공연이 끝난 후의 관객석처럼 소리며 열기가 서서히 식어 이내 텅 비어 버렸지만 나는 아직 첫 페이지에 머물러 있는 새 여행 수첩을 바라보는 중이다. 뭐라도 한마디 써야 한다고 생각했다. 무척 의미 있는 순간이니까. 그렇게 몇 분이 더 지난 후에야 나는 짧은 문장 하나를 겨우 적고 내 덩치만 한 백팩을 다시 맸다. 그때 탑승을 위한 '라스트 콜'이 울렸다.

'이건 분명히 미친 짓이다.'

나 의 첫 러 시 아,
모 스 크 바 의
초 야

한가운데 서 있을 때에는 그것이 영영 끝나지 않을 것만 같을 때가 있다. 앞과 뒤, 옆 어느 쪽을 봐도 지평선처럼 쭉 뻗어 있으니까.

인천에서 모스크바로 향하는 11시간의 비행 역시 그랬다. 도착 예정 시간은 너무도 더디게 가까워졌다. 40분 후 모스크바에 도착한다는 안내 방송을 들었을 때 나는 가슴이 덜컥 내려앉고 곧 두근거리는 것을 느꼈다. 착륙이 가까워오자 승무원들은 언제 그랬냐는 듯 창문을 끝까지 열라고 재촉했다. 하늘 위에서 '한창 재미 좋을 때'는 굳이 꼭 닫아 두라더니. 야속한 마음에 입을 삐죽거렸지만 조금씩 가까워지는 도시의 조각들을 보는 것도 그럭저럭 재미있었다. 아무것도 없던 풍경에 사람이

만든 것들이 하나씩 등장하고 이내 그 하나하나가 구별할 수 있을 정도로 가까워지니 마치 우주에서 지구로 귀환하는 것 같은 착각마저 들었다.

한국보다 6시간 뒤로, 시계는 진즉에 맞춰두었다. 요란한 소리를 내며 비행기가 모스크바 셰레메티예보 국제공항에 착륙한 시각은 오후 4시 30분. 비행기에서 내리자마자 내게 쏟아질 온갖 것들에 대한 걱정으로 차라리 이 비행이 몇 시간 더 지속되었으면 좋겠다는 생각마저 들기 시작했다. 몇 시간을 날아서 도망간들 계절이 바뀌는 것도 아닐 테지만, 흰색으로 꼼꼼하게 덮인 창 밖 풍경은 겨울, 그야말로 겨울이었다.

사람들은 무사 생환을 축하하는 박수를 쳤다. 도착했다는 안도감과 잘 견뎌 냈다는 성취감 비슷한 감정에 마음이 들뜬 것도 잠시, 비행기가 나를 뱉어내고 나니 눈 앞에 보이는 것은 한없이 막막한 풍경뿐이다. 이 무렵 승무원들은 1초라도 빨리 사람들을 밀어내려는 것처럼 보였다. 나는 비행기와 공항을 잇는 간이 복도에 잠시 멈춰 서서 '후' 하고 입김을 불었다. 이 매서움이 한겨울 추위인지 낯선 도시의 냉소인지 확인하는 일종의 의식이었다. 코끝에 닿은 공기가 몹시 낯설었다. 처음 맡는 묘한 냄새가 나는 것 같기도 했다.

입국 수속을 하고 짐을 찾아 터미널까지 가는 동안 나는 '그래, 이게 뭐 러시아구나' 라며 태연한 척하려 했다. 가능하다면 다시 이 공항에 오게 될 날까지 계속. 어쩌면 생각처럼 될 수도 있었다.

입국 수속 담당 직원이 15분간 여권 사진과 내 얼굴을 번갈아 보지만

않았더라면, 택시 기사가 폭설 때문에 기차로는 2시간이 걸릴 것이라고 거짓말만 하지 않았더라도. 우여곡절은 있었지만 나는 무사히 입국 심사를 통과했다. 영등포 지하상가 출신 28인치 트렁크 역시 용케 주인을 찾아왔다.

드디어 러시아에 도착했다. 셰레메티예보 국제공항은 무척 작고 낡아 보였다. 게이트를 나서 걷는 동안 위독하신 외할아버지 소식에 급하게 달려간 진주 고속버스터미널의 모습을 떠올릴 정도였다. 모스크바 시내로 나를 데려다줄 아에로 익스프레스Аэроэкспресс 터미널을 향해 걷다 보니 곧 이 도시만큼이나 큰 규모의 국제공항이라는 것을 알게 되었다, 하지만, 역시나 첫인상이 중요하다. 여전히 내 기억 속 모스크바 공항은 작고 어두운 그리고 막막한 복도 하나로 남아 있는 것을 보면 말이다. 오후 5시, 아직 이른 시간임에도 공항에는 사람이 많지 않았다.

여행 준비는 보잘 것 없었지만 공항에서 모스크바 시내로 가는 방법만큼은 완벽하게 외워뒀다. 여행 가방 손잡이를 쥔 손에 힘을 주고 빨간색 화살표를 따라 걸었고 그림처럼 보이는 글자와 음악 소리처럼 들리는 말소리를 뚫고 400루블짜리 열차표를 사는 데 성공했다. 마침내 무사히 모스크바행 특급열차에 올라탄 내 모습은 공항에서보다 퍽 믿음직스러워보였다.

40여 분을 달려 빨간색 아에로 익스프레스 열차가 벨로루스카야Белорусская 역에 멈춰 섰다. 저녁 6시 40분의 모스크바는 이미 깊은 밤이었다. 입김을 내뿜으며 내린 플랫폼에는 얕게 눈이 쌓여 있었다. 차가운 공기가

단숨에 코를 지나 아랫배까지 들이찼다. 뒤이어 나와 같은 목적지를 선택한 낯선 사람들의 뒷모습이 정겹게 느껴졌다. 백팩을 열고 사진기를 꺼냈다. '찰칵, 찰칵' 나의 첫 번째 러시아 그리고 '모스크바 씬'이었다.

호텔에 대강 짐을 풀고 소파에 몸을 내던진 것은 밤 10시가 넘은 시각이었다. 폭설을 피해 들어선 벨로루스카야 역 근처 카페Кафе에서 28인치 애물단지 트렁크와 함께 저녁 식사를 했고, 호텔까지는 택시를 탔다.

한국은 새벽 4시쯤 되었나. 여권 잃어버린 꿈에 놀라 깬 시각이 새벽 5시 무렵이었으니 23시간, 그러니까 꼬박 하루 만에 나는 서울에서 이 낯선 땅으로 던져졌다. 아침 공항버스의 풍경과 11시간의 비행이 며칠 전 일처럼 까마득하게 느껴졌다.

모스크바에서의 첫 번째 밤을 그냥 흘려보내기 아쉬워 서울에서 가져온 것 중 가장 두터운 외투를 챙겨 밖으로 나섰다. 평소의 절반 가격이라는 말에 덥석 예약한 붉은 광장 근처 모스크바 골든 링Golden Ring 호텔의 주니어 스위트룸은 역시 혼자 묵기엔 지나치게 컸고 어딘가 싸늘한 느낌마저 들었다. 호텔 주변을 걷는 동안 러시아 외무성 건물만이 환하게 빛을 내며 환영의 제스처를 취했다. 구소련 시절 전세계에 국력을 과시하기 위해 세웠다는 스탈린 시스터즈, 그중 하나인 외무성의 불빛이 적어도 그날 내게는 그렇게 보였던 것 같다.

그제야 소매 틈으로 스며드는 매서운 밤바람과 불과 하루 전만 해도 상상조차 하지 못한 철저한 고독이 실감났다. 이윽고 실성한 듯 웃음이 새어 나왔지만 그것은 두려움보단 묘한 흥분 쪽에 가까웠다.

"아, 러시아가 춥긴 춥네."

그렇게 한참을 더 알 수 없는 글자 속을 헤맨 후에야 여행 첫날이 마무리되었다. 몹시도 먼 그리고 긴 하루였다.

"아 들 아 ,
쏘 련 이 그 렇 게
춥 다 며 ? "

서울에서 가져온 발열 내의 위에 셔츠, 다시 그 위에 두툼한 스웨터를 입고 무릎까지 오는 코트까지 걸친 뒤 팔을 앞뒤로 휘휘 저어봤다. 역시 움직이기가 수월하지 않다. 하지만 오늘은 이 위에 후드가 달린 코트를 한 겹 더 입고 머플러를 두를 예정이다. 그러고도 뭔가 더 얹거나 감을 것이 없나 두리번거렸다.

'아니, 왜. 하필 지금, 여기에 온 거지?' 공교롭게도 내가 그 도시에 머물렀던 1월 둘째 주는 그 해 겨울 가장 추웠던 한 주였다. 도착하던 날 영하 15도로 비교적 선선했던(?) 기온이 조금씩 떨어지더니 셋째 날 아침 마침내 영하 25도를 기록했고, 낮 최고기온은 영하 18도에 머물렀다.

호텔에서 그리 멀지 않던 붉은 광장으로 가는 길은 영겁처럼 느껴졌고, 도착과 동시에 왼손 새끼손가락이 움직이지 않아 결국 굼ГУМ 백화점 안으로 도망쳐야 했다. 붉은 광장 한복판에 설치된 대형 스케이트장을 가득 채운 사람들과 회전목마를 타는 아이들의 상기된 볼을 보며 진심으로 나는 이들의 정체에 의문을 가질 수밖에 없었다.

오후 4시 무렵 해가 지고 나면 도시는 더 싸늘하게 얼어붙었다. 한강만큼은 아니어도 제법 큰 모스크바 강 위에는 빙하 같은 얼음이 가득 떠 있었고 유람선은 쇄빙선처럼 그 사이를 유유히 지나갔다. 그 장면을 바라보며 들이마시는 숨은 꼭 냉동실 속 공기 같았다. 언 손을 녹이려 내뱉는 입김마저 차가웠던 도시의 추위에 나는 그저 헛웃음을 터뜨릴 뿐이었다.

모스크바의 겨울 추위는 그곳에 대한 수많은 '미지' 중 성 바실리 대성당 다음으로 흥미로운 것이었다. 평소 추위를 타지 않는다고 자부하던 나는 난생처음 겪는 이 이상 기온 혹은 극한 체험을 상상하는 것만으로도 묘한 흥분을 느꼈다. 물론 그 호기로움은 첫날 아침 나도 모르게 흐른 콧물과 함께 흘러내렸지만. 떠나기 전날 친구가 억지로 쥐어준 발열내의 봉투를 뜯으며 나는 '그래, 네가 날 살리는구나'라고 중얼거렸다. 이후 아침마다 한 벌씩 겹쳐 입는 옷이 늘었다. 거울 속 내 모습은 어느새 영등포 지하상가 출신 28인치 애물단지 트렁크를 닮아가고 있었다.

물론 눈도 내렸다. 그것도 아주 많이. 두 번의 낮과 한 번의 밤을 제외하면 쉬지도 않고. 게다가 무척 변덕스러워서 아침엔 해가 쨍쨍하다가도 점심을 먹기 전 폭설이 쏟아지곤 했다. 공원마다 내 무릎 높이까지

눈이 쌓여 있었고 호텔 체크아웃을 준비하던 날 아침에는 늘 창밖으로 보이던 거대한 러시아 외무성 건물이 눈보라에 가려 보이지 않을 정도였다.

나는 진지하게 이러다 도시 전체가 굴곡 없이 평평한 설원이 되지 않을까 걱정했다. 다행히 그날 길에는 버스보다 많은 수의 제설차가 다녔다. 꽁꽁 언 개울이며 호수는 원래부터 그런 용도였다는 듯 스케이트며 썰매를 타고 노는 아이들로 가득했다.

겨울 도시는 매서웠지만 그만큼 극적인 장면들이 펼쳐졌다. 모스크바에서 가장 먼저 눈을 사로잡은 것은 그 옛날 신문과 사진에서만 보던 털모자와 코트를 입은 사람들의 모습이었다. 시차 탓에 잠든 지 3시간 만에 일어난 첫 번째 아침, 호텔을 나서 아르바트 거리로 향하는 길에서 너구리나 밍크 털로 만든 코트를 입고 모자를 눌러 쓴 노부인들의 모습을 심심찮게 볼 수 있었다.

그들의 모습이 어찌나 따뜻해보였던지 어쩌다 목에 너구리 한 마리라도 턱 하고 두른 귀부인이 지나갈 때면 그렇게 부러울 수가 없었다. 그 길을 따라 영하 25도의 아르바트 거리 한복판에 마주 앉은 이름 모를 화가와 모델 사이의 긴장감, 볼처럼 빨간 딸기 아이스크림을 먹으며 스케이트를 타는 꽁꽁 언 호수 위 아이들의 미소, 폭설이 쏟아진 공원을 유모차를 끌고 산책하는 할머니의 뒷모습이 이어졌다. 하나같이 만약 내가 이곳에 오지 않았더라면 아마 '그렇게 추운데 그런 게 가능하겠냐'며 코웃음을 쳤을 장면들이었다. 나는 '추운 도시'라는 막연한 제목 아래 하나

씩 핀셋으로 꼽아뒀던 상상들을 실제 장면들과 맞춰보며 즐거워했다.

몇몇 장면들은 너무나도 아름다워 눈을 뗄 수 없었다. 얼음 사이로 유람선이 유유히 지나던 모스크바 강에선 캔버스에 물감을 덕지덕지 바른 유화가 떠올랐고 비현실처럼 붉고 푸른 조명이 빛나는 붉은 광장에선 꿈꾸듯 몽롱한 감성에 취했다. 성 바실리 대성당과 모스크바 크렘린Кремль, 굼 백화점, 국립역사박물관Государственный исторический музей으로 둘러싸인 광장에서 나는 네 개의 서로 다른 세상을 방황하며 족히 수백 장의 사진을 찍었다. 마네쥐나야 광장Манежная площадь에 내린 폭설은 마치 아주 가는 연필로 빗금을 마구 그은 크로키 같았고 그 속에서 도시의 자랑인 대형 장식물이 찬란하게 빛나는 것을 보며 나는 나답지 않게 울컥 숨을 삼켰다. 이국적인 도시의 모습을 즐기는 것을 넘어 어느새 그 비현실 같던 겨울 풍경 안에 녹아든 것은 어찌 보면 자연스러운 일이 아니었을까.

붉은 광장 위를 걷는 내 손에는 어느새 빨간 볼을 한 아이들의 손에 들린 것과 같은 그 유명한 '굼스크림'이 들려 있었다. 굼 백화점에서 파는 아이스크림을 나는 이렇게 불렀다. 스케이트장 펜스와 회전목마 앞에서 그들의 미소를 흉내 냈다. 저녁에는 마네쥐나야 광장 외곽의 돌담에 가만히 앉아 노래를 들었다. 그렇게 모스크바에서의 열흘이 시작되었다.

I can't
speak Russian
(나 러 시 아 어 못 해 요)

    내가 러시아에서 가장 먼저 한 말은 당연하게도 'Excuse me(실례합니다)'였다. 지금 생각해보면 '쁘라스찌쩨Простите(실례합니다 혹은 미안합니다)'가 아니었던 것이 애석하다. 그 다음 말은 늘 "Sorry, I can't speak Russian(나 러시아어 못해요)"이었다. 나는 러시아에서 내게 러시아어를 하지 말아달라는 말을 입에 달고 다녀야 했다.

    다행히 이국의 도시에서 만난 낯선 생김새의 사람들에 대한 두려움 또는 호기심은 채 하루가 되지 않아 사라졌다. 그도 그럴 것이 그들은 자세히 보아도 나와 닮은 점을 찾기 힘들었고 오래 볼수록 다른 것들만 보였다. 오히려 그들이 나를 신기한 표정으로 바라보는 것을 받아들이

는 쪽이 현명했다. 하지만 그들이 사용하는 언어만큼은 결국 열이틀이 지나 돌아가던 날까지 익숙해지지 않았다. 물론 이 현실이 전혀 새로운 것은 아니었다. 이미 출국 전, 몇몇 관광지를 제외하면 아니 유명 관광지를 포함해도 짧은 영어마저 통하지 않을 것이라고 블로그 포스팅이 친절하게도 알려줬다. 그런 반갑지 않은 이야기는 대개 적중률이 높다.

모스크바에서 맞은 첫 번째 금요일 아침, 아르바트 거리에 있는 푸시킨 박물관에서 나는 잠시 출근시간 강남역 빌딩 숲 사이 횡단보도에서 혼자 수영복 차림으로 서 있는 것 같았던 날을 떠올렸다. 굳이 무게를 달자면 그보다 조금 더 외로운 느낌이었던 것 같다. 내 손에는 영문 모를 티켓 두 장이 들려 있고 서 있는 이들이며 벤치에 앉아 있는 사람들까지 모두 나를 쳐다보고 있었다. 우리 어머니는 1만 킬로미터 떨어진 곳에서 아들이 이렇게나 사람들의 주목받고 있다는 것을 알고 계실까?

"!@#!@#!%!#씨바???"
아마 입구에서 외투를 맡기고 와야 한다는 말 같다.
"%%!$%#스키-〉-〉-〉"
들어가기 전에 신발에 저 비닐 덧신을 씌워야 한다는 뜻 같다.
"~??..!!~#$새키((-_-)+"
나 새치기한 거 아녜요, 비닐 덧신 가지러 간 거지.
홀리데이 시즌이었던 그날은 무료 입장이라 들어서는 내게 묻지도 따지지도 않고 티켓을 쥐어줬고 입구에서는 겨울 외투를 벗어 맡겨야 하며 시설 보호를 위해 신발 위에는 파란색 비닐 덧신을 신어야 한다는 것을 전부 이해하는 데에는 적지 않은 시간이 걸렸다.

"나 러시아어 못해요"라는 문장은 사실 그 시간을 버는 용도였다. 다행히 말 한마디 통하지 않는 상황은 하루가 다르게 자연스럽게 느껴졌고 나는 그 상황을 헤쳐 나가는 데 능숙해지고 있었다. 지하 계단을 통해 푸시킨 생가 박물관에 들어서며 피식 웃음이 나왔다. '적어도 나 러시아어 못한다는 문장 정도는 러시아어로 외워올 걸.'

"Excuse me, Where is the parmacy?(약국이 어디 있나요?)"

내가 가장 좋아하는 러시아어는 압쩨카^{аптека}(약)다. 이유는 간단하다, 가장 잘 아니까. 숙소를 호텔에서 아파트로 옮기던 날, 나는 엿새째 내가 아직 무사하다는 사실을 자축하고자 근처 슈퍼마켓에서 처음으로 장을 봤다. 그래 봐야 토마토와 빵, 치즈, 채소 정도였지만. 소박한 저녁 식사마저 쉽지 않겠다는 것을 직감한 것은 파프리카와 함께 내 손가락 끝이 썰린 것을 눈치챘을 때였다. 코트를 두르고 반창고를 사러 나갈 때까지만 해도 나는 별 것 아닌 해프닝이라 생각했다. 하지만 키옙스키^{Киевский} 기차역 앞의 사람들은 대부분 'Parmacy'라는 단어를 모르는 눈치였다. 몇몇 행인은 고맙게도 유창한 러시아어로 내게 약국의 위치를 설명해줬다.

역 주변을 20분가량 헤매다가 블라디미르 푸틴^{Владимир Путин}의 젊은 시절을 상상하게 하는 건장한 사내를 만났다. 그는 철저하게 '그들 방식의 친절'을 베풀었다. 열 걸음 정도 성큼성큼 앞서 길 건너 쇼핑몰에 들어섰고 손가락으로 3층을 가리켰다. 녹색 간판 위에 새겨진 "аптека"

라는 글자를 확인하고 고개를 내렸을 때 그는 감사의 인사 따위 받지 않 겠다는 듯 이미 돌아선 후였다. 그날 저녁 나는 일회용 반창고를 붙인 손가락으로 맥도널드에서 빅맥을 먹으며 한 번 더 그들 방식의 친절을 되새겼고 한동안 모스크바 시내 곳곳의 약국 간판 하나하나를 아이처럼 소리 내어 읽고 다녔다.

사실 언어의 장벽은 매우 높았지만 그리 두텁지는 못했다. 귀를 대고 유심히 들으면 그들이 말하고자 하는 것을 어렴풋이 알아들을 수 있었 다. 게다가 우리에겐 손과 눈썹이라는 훌륭한 의사소통 도구가 있지 않 던가.

하루를 무사히 마친 나를 위해 매일 저녁 찾은 스몰렌스카야Смоленска я 역 근처 폴 베이커리의 러시안 누나 안나를 처음 만났을 때 나는 검지 손가락과 눈썹만으로 초콜릿 케이크와 바게트 샌드위치를 구입했지만 다음 날 저녁에 '아진один(하나)'이라는 단어를, 그 다음날 밤에는 '사보 이ссобой(포장해주세요)'라는 말을 배웠다. 아쉽게도 이후 더 큰 진전은 없 었지만 불편함은 없었다. 나는 이들의 언어를 익히는 데는 실패했지만, 언어가 통하지 않는 현실에는 그런대로 빠르게 적응했다.

여행의 절반쯤 지난 어느 날 저녁, 지하철에서 내려 어김없이 폴 베이 커리로 발걸음을 재촉하던 나를 검은 얼굴의 이방인이 막고 섰다. 그의 간절한 표정이 왠지 익숙하게 느껴졌다.

"쁘라스찌쩨(실례합니다)."

그에게 짧은 영어와 손짓으로 세 정거장 떨어진 붉은 광장에 가는 방법과 환승역을 알려준 후 족히 사오 분은 걸리는 모스크바 지하철의 긴 에스컬레이터에 올라탔다. '제법인데?' 뭔가 으쓱한 기분이 든 나는 그날 저녁 폴 베이커리에서 초콜릿 케이크를 하나 더 샀다.

대 부 분 의   일 은
네   걱 정 보 다
수 월 하 게   지 나 갈   거 야

어린 시절 곧잘 학급 반장을 도맡던 나를 부모님은 무척 자랑스러워하셨다. 그 시절엔 나 없이 이 학급이 제대로 돌아갈 리 없다고 굳게 믿었다. 하지만 나서기 좋아했던 그 꼬마는 얼굴 가득 여드름이 퍼진 사춘기를 지나며 사람들 앞에 서는 것을 두려워하게 되었다. 늘 구석 자리에 앉아 되도록 눈에 띄지 않으려 했고 나대신 나서줄 사람을 찾았다. 다행히 시간은 피부부터 자신감까지 대부분을 치유해줬지만 결국 옅게나마 자국을 남겼다. 지금도 사람들은 내가 A형이 아닌 것을 신기해한다.

하지만 도무지 남에게 미룰 수가 없는 날이 오기 마련이다. 졸업을 앞두고 참여한 프로젝트를 결산하던 날, 모르는 사람들 앞에서 그간의 결과를 직접 발표해야만 했다. 빈 단상을 바라보며 여기서 강한 스포트라이트를 받으면 아마 실신할지도 모르겠다고 생각했다. 당시에는 도무지 어색하기만 했던 검은색 재킷과 바지를 입고 차례를 기다리고 있을 때 이미 내 목소리는 잠겨 있었다. 그때 어떤 손 하나가 내 어깨를 감싸 쥐었다. 술고래로 유명하던 선배의 손이었다. 그는 제법 큰 그의 손을 내 어깨에 얹은 채 정확히 기억나지 않지만 이런 식으로 말했던 것 같다.

"네가 걱정하는 일 대부분은 그보다 훨씬 수월하게 지나가. 지나고 나면 '내가 왜 그렇게 겁을 먹었지' 하고 생각하게 될 거야."

물론 그의 격려가 그날의 긴장이나 떨림을 해소시켜 주지는 못했다. 하지만 나는 이후에도 종종 그 말을 되새겼다. 명언 축에도 못 낄 그날 선배의 그 한마디는 지금까지도 내가 가장 의지하는 격언이 되었다. 그리고 시간이 조금 더 흐른 후 내게 크고 작은 고민을 털어놓는 친구나 후배에게 마치 그 문장이 내 것인 양 써먹기도 했다.

그리고 6~7년쯤 지나 나는 영하 30도의 추위와 말 한마디 통하지 않는 사람들, 목적지를 알 수 없는 모스크바의 이름 모를 길 한복판에서 그의 커다란 손을 다시 떠올렸다. 하루에도 몇 번씩 '오길 잘했다'와 '꼭 여기였어야 했나'라는 생각이 교차했던 여행 중반 즈음, 그 해묵은 문장은 지난날 못지않게 나에게 큰 힘이 되었다.

실제로 그 도시는 무척 매서웠지만 굳이 두려워할 필요는 없었다. 28인치 애물단지 트렁크에는 강추위에 맞설 지원군이 충분했고, 식당에는 메뉴 사진과 영어라는 지름길이 있었다. 지하철역 무인 발권기를 유심히 살폈던 오후에는 4회 값으로 5회를 이용할 수 있는 160루블짜리 티켓을, 통신사 매장에서 한바탕 손짓 발짓을 했던 아침엔 빌라인^{Билайн} 통신사의 유심 카드를 손에 쥐었다. 얼마 지나지 않아 낯선 풍경들 사이에서 피로를 달랠 '그나마 덜 낯선' 공간들도 두서너 곳 생겼다. 마침내 쇼핑몰 지하 마트에서 토마토를 넣은 봉지의 무게를 달고 직접 가격표를 붙이는 데 성공한 날 밤에는 기꺼이 다음 날 아침 식사를 직접 만들어 먹으리라 마음먹었다.

낯선 도시에서 내가 발견한 몇몇 감상은 떠듬떠듬이라도 말이 통하는 도시였다면 이토록 감격스럽지 않았을 것이다. 그리고 가이드북과 블로거들의 현지 맛집 정보들을 찾아다녔다면 아마도 이만큼 여유롭고 행복한 시간을 보낼 수 없었을 것이다. 나를 바라보는 무표정한 러시아인들과 정체를 알 수 없었던 몇 개의 닫힌 문 앞에서 나는 망설임으로 꽤 많은 시간을 보냈다. 하지만 곧 조금씩 먼저 웃어 보이고 손을 뻗어 들어서는 것이 그리 어렵지 않다는 것, 그리고 낯선 것은 그저 낯설게 받아들이는 것으로 충분하며 굳이 겁낼 필요는 없다는 것을 알게 되었다. 용감한 척했던 여드름 소년은 이곳에서 조금씩 어른 태를 내기 시작했다.

모스크바에서 처음이자 마지막으로 맞은 토요일, 나는 유로피안 몰^{Европейский}의 '차이호나'라는 식당에서 저녁을 먹었다. 육개장을 연상시키는 빨간 수프 보르시^{Борщ}와 양고기 스테이크로 시작한 저녁 식사는 중저음의 목소리가 매력적인 점원이 샐러드와 빵을 권하면서 만찬이 되었다.

이곳에서 익힌 '다да(네)'라는 대답이 '모두 다 달라'는 뜻으로 전달되었을 리는 없을 텐데 음식은 끊임없이 나왔다. 나 혼자 즐기기엔 제법 큰 만찬을 마치고 받아 든 계산서에는 1,985루블이 찍혀 있었다. 이곳에서의 내 하루 생활비였다. 팁을 포함해 2,200루블을 올려놓고 '쿨'한 척 음식점을 나온 나는 아이스크림으로 쓰린 속을 달랬다. 피식 웃음이 나왔다. 그래, 별 것 아니었다. 무작정 떠나왔으니 뭐라도 한 번 벌어졌어야 이상하지 않지.

숙소로 가기 위해 쇼핑몰을 나서 지하철을 타고 다시 내려서 걷는 동안 검은 머리의 이방인을 낯설게 바라보는 그들의 시선이 그날따라 의아하게 느껴졌다.

'맞다, 나 한국인이지.' 어느새 나는 제법 이 도시에 녹아들었다. 그래, 오늘 하루도 수월하게 지나갔다.

고 리 키 공 원 ,
여 행 은 생 각 만 큼
낭 만 적 이 지 않 다

여행은 분명 걱정했던 것보다 수월했다. 다행스럽게도 그들은 1만 킬로미터를 날아온 까레예츠 **кореец**(한국인)에게 가혹하리만치 관심이 없었고 피치 못하게 대화를 하게 되면 그들 방식의 칭찬으로 나를 감동시켰다. 그곳에서만 목격할 수 있는 풍경과 정취에 반해 나는 조금씩 추위에 둔감해졌고 낯선 사람과 말에 익숙해지자 이내 자유를 만끽할 수 있었다. 나는 떠날 준비를 하는 데는 무척 게으르고 소홀했지만 여행 자체에는 그럭저럭 성실한 편이었다.

여행에 내가 기대한 '만능열쇠' 혹은 블루마블의 '우대권' 같은 힘은 없었다. 텔레비전과 책 속에서 보았던 이곳을 여행했던 이들의 모습이

나를 잔뜩 부풀게 한 탓이 무엇보다 크지만, 그보다 모스크바의 1월은 이제까지 내가 생각하던 '여행지'의 모습과는 거리가 멀었다. 사진 속에서 보았던 파란 하늘 아래 그림 같은 붉은 광장의 모습은 흐린 날씨와 폭설로 결국 볼 수 없었고 설상가상으로 광장의 절반가량을 스케이트장과 노점이 차지하고 있었다.

　여행자의 가장 큰 즐거움 중 하나인 전통 음식의 낭만 역시 흔해빠진 이탈리안 레스토랑과 패스트푸드점 가득한 거리에서는 사치에 가까웠다. '러시안 뷰티'의 정점이라는 노보데비치 수도원Новодевичий монастырь과 전 러시아박람회장 베데엔하ВДНХ에서는 앞을 볼 수 없을 만큼 심한 폭설을 만났고, 텅 빈 이즈마일롭스키Измайловский 전통 시장에선 폐가 같은 시장 뒷골목이 쓸쓸한 얼굴로 나를 반겼다. 그때까지 내 생애에 목격했던 건축물 중 가장 큰 건물로 기억될 모스크바 국립 대학교 엠게우МГУ의 꼭대기는 구름 속에 숨어 결국 모습을 드러내지 않았다.

모스크바 고리키 공원Парк Горького에서 보낸 시간은 그 실망스러움의 정점이었다. 거대한 아이스크림 모양의 조형물이 반대편 트레티야코프 미술관Государственная Третьяковская Галерея을 나서던 내 눈에 띈 지 꼭 닷새만의 일이었다. 소비에트 연방의 유명 작가 막심 고리키Максим Горький의 이름을 딴 그 공원은 1928년 개원한 이래 100년 가까이 모스크바 최대의 휴식 공간으로 사랑받고 있다. 모스크바 강을 따라 펼쳐진 거대한 공원은 계절에 따라 모습을 바꾼다. 여름에는 수영과 일광욕을 즐기는 사람으로 붐비고 겨울이면 공원 전체가 스케이트장으로 변한다. 이 공원의 명물인 2인승 배를 타고 모스크바 강을 유유히 즐길 수 있다는 여행 후기를 보고 '모스크바에서 유럽의 정취를 맛보기에 이보다 좋은 곳이 있을까'라며 내심 기대했었다.

하지만 계절은 혹한의 겨울이었고 인기척이 드물었다. 사실 이 때라도 눈치를 채고 발길을 돌렸어야 했다. 여행 중반을 막 넘어선 2015년의 두 번째 월요일은 사실 새해부터 크리스마스를 포함한 약 2주간의 러시아 연휴가 끝난 직후였고 고리키 공원의 긴 성탄 축제가 끝난 다음날이었다. 나는 그 사실을 그 날로부터 며칠이 더 지난 후에야 알게 되었다. 하늘 가득 구름이 낀 우중충한 날씨, 축제의 열기가 싸늘하게 식어버린 고리키 공원은 그 이름값의 절반도 하지 못했다. 내 키를 훌쩍 넘는 수

십 개의 고리 장식들은 분명 어제까지만 해도 일제히 불을 밝히며 환영의 꽃길을 만들어줬을 것이다. 하지만 내가 할 수 있는 것이라곤 축제의 흔적들을 뒤늦게 밟으며 상상하는 것뿐이었다.

빙상 트랙 같이 변해버린 공원 전체로 뻗은 개울과 다 돌아볼 엄두가 나지 않는 공원의 규모가 잠시 흥미를 불러일으켰지만 오후를 날려버린 상실감을 상쇄시킬 수는 없었다. 빠른 걸음으로 공원 곳곳을 훑어보았지만 청소부와 용접공들만이 간간히 눈에 띌 뿐이었다.

실망스러웠던 고리키 공원 산책을 1시간이 채 지나지 않아 끝내고, 텅 비어버린 오후를 그대로 무작정 걸었다. 모스크바 강을 가로지르는 다리 중간쯤에 멈춰 서자 다시 주변 풍경들이 보이기 시작했다. 그동안 늘 강을 건너기 위한 수단이었던, 그래서 이름조차 알려고 하지 않았던 다리가 처음으로 여행의 중심이 된 순간이었다. 흐린 하늘과 눈 덮인 도시, 모든 것이 회색으로만 보이는 잿빛 풍경이 눈에 들어왔다. 그동안 여행지라고 하면 눈부신 봄 날씨와 온화한 기온만 떠올렸던 내게 모스크바는 여행의 다른 얼굴을 알려줬다. 구글이나 책 속에서는 찾아볼 수 없는 나만의 장면을 선사한 것이다. 나도 어쩌면 광고판에서 반짝이던 매혹적인 러시아 풍경에 홀려 그저 관광객 중 하나로 머물었을지도 모른다. 하지만 모스크바를 시작으로 여행은 내 인생의 중심으로 성큼 들어왔다. 그날의 일은 어쩌면 앞으로 여행이라는 것이 나에게 어떤 의미가 될 것인지 예지한 것인지도 모르겠다.

겨울의 모스크바에서는
누구에게나
6시간의 하루가 주어진다

오전 9시 45분. 늑장 끝에 이제야 해가 슬쩍 고개를 내민다. 사실 어제와 똑같이 9시에 눈을 떴지만 침대에 누워 가만히 이 장면을 기다렸다. 호텔 방에 조명이 필요 없을 만큼 도시가 밝아진 것을 확인한 후에 샤워를 했다. 텔레비전 속 앵커의 알 수 없는 멘트가 끝난 뒤 기상 예보 속 숫자까지 확인하고 나면 이제 6시간 내외의 야박한 '하루'가 내게 주어진다. 왜 이것뿐이냐며 온갖 단어들로 항의해봐야 소용없다. 이곳에선 누구에게나 하루가 꼭 이만큼씩 주어지니까.

모스크바에서 나는 다양한 종류의 결핍을 경험했다. 낯선 땅에서 잠시 빌린 '호텔' 혹은 '아파트'라는 공간이 충분한 휴식을 줄 리 만무했고,

도시와 사람은 그날 아침의 최저기온만큼이나 차가웠다. 점심시간이 다 되도록 아무도 내게 오늘 해야 할 일을 말해주지 않는 데다 멋진 하루의 마무리에 특히 간절했던 저녁 약속도 그곳에는 없었다. 그림 같은 글자와 소음 같은 언어 속에서 나는 종종 내가 멍청이처럼 느껴졌다. 하지만 그 모든 것보다 더 나를 당혹스럽게 했던 것은 하루 6시간 남짓 허락된 태양이었다. 겨울 도시에선 빛과 온기가 빵보다 귀했다.

낮게 떠오른 해가 이른 오후부터 쫓기듯 떨어지고 가로등이며 조명들이 하나씩 불을 밝힐 때면 나는 빛을 잃은 성 바실리 대성당 앞에서, 아르바트와 푸시킨스카야 거리의 크고 작은 골목길에서 날씨를 원망했다.

하루와 그다음 하루의 경계를 비웃듯 쉬지 않고 눈이 내린 날엔 하루를 오롯이 어둠 속에서 보내야만 했다. '아침의 나라'에서 태어나 살며 한 번도 빛을 갈망해본 적 없는 내게 그것은 마치 허를 찌르는 돌발 질문 같았다. 홀로 눈을 맞으며 서 있는 눈사람을 사진에 담기 위해 다가갔을 때 나를 놀라게 한 것은 그의 우스꽝스러운 표정이 아닌, 상점 유리에 비친 내 얼굴 위 굳은 표정이었다. 거리에서, 지하철 안에서 곁눈질로 본 러시아인들의 모습을 닮은 그 표정은 분명 '적응'과는 다른 의미였던 것 같다. 그날 저녁 나는 어쩌면 이 여행이 풍요를 박차고 일어나 결핍 속을 헤집는, 미련하기 짝이 없는 경험일지도 모르겠다는 생각을 했다.

하루 4분의 3 남짓 이어지던 도시의 밤보다 더 무거웠던, 굳이 이곳을 선택했다는 후회에서 해방된 것은 재미있게도 그 당혹감과 원망이 극에 달했을 때였다. 부족한 것들에만 집착하던 좁은 시야의 틈으로, 어느새 내가 지금까지 보았던 어떤 것보다 더 환하게 빛나는 것들이 눈에 띄기 시작한 것이다. 이후 여행의 풍경은 놀라우리만치 달라졌다. 밤의 붉은 광장은 영원히 불이 꺼지지 않을 것처럼 화려하게 느껴졌고, 마네쥐나야 광장의 대형 성탄 트리의 조명은 그곳에 모인 사람들의 미소를 비추기에 부족함이 없었다. 해가 질 무렵부터 시작되는 도시 곳곳의 크고 작은 공원의 축제 역시 '여행지의 밤'에 대한 내 생각을 바꿔 놓았다. 그렇게 조금씩 이 밤의 도시 그리고 도시의 밤에 익숙해지기 시작했다.

며칠간 쉼 없이 이어진 폭설이 그치고 회색 도시가 모처럼 형형색색

으로 빛나던 날 나는 모스크바에서 처음으로 도시가 채 밝아지기 전에 길을 나섰다. 여전히 내게 무엇을 해야 한다고 말해준 이는 없었지만 더는 그것이 결핍으로 느껴지지 않았다. 나설 채비를 하는 내내 콧노래를 불렀고 일부러 모스크바 강 건너에 있는 지하철역까지 걸으며 어느 때보다 부유해진 듯한 기분을 만끽했다. 그날 오후 모스크바에는 코트가 흠뻑 젖을 만큼 굵은 눈발이 날렸지만 원망스러운 마음은 들지 않았다.

오후 4시, 나는 모처럼 겨울보다 먼저 자리를 잡고 어둠을 기다렸다. 이윽고 밤이 찾아왔고 인공조명이 거리를 밝혔다. 다시 밝아질 것 같지 않을 것처럼 유독 깊고 무거웠던 그날 저녁, 나는 도시의 밤풍경을 보며 처음으로 내가 도망쳐온 것들에 대해 생각했다. 그땐 여지없이 결핍이라 여겼던 것들과 늘 '어쩔 수 없지'라는 핑계로 하나 둘 무감각하게 놓아버렸던 나를 떠올렸다. 생각은 혼자만의 저녁 식사와 티타임 그리고 숙소로 향하는 골목길까지 영하 20도의 추위도 잊고 꽤 길게 이어졌다.

그 도시와 겨울은 분명 내가 있던 곳보다 많은 것이 턱없이 부족했다. 하지만 그것이 이 도시를 이만큼 단단하고 화려하게 만들었고, 이곳에 이끌린 혹은 던져진 낯선 이방인에게 한줄기 햇살과도 같은 행복을 일깨워줬다.

2장
찬란한 밤의
도시에서
두 번의 크리스마스를
만나다

상 상 보 다
아 름 다 운 현 실 ,
성 바 실 리 대 성 당

호텔을 나서자 영하 25도의 혹한이 나를 어리둥절하게 했다. 스몰렌
스카야 역에서 출발해 아르바트 거리를 지나 광장까지 걷는 길은 내장
이 얼어붙을 듯 매서웠고 설상가상으로 광장 밖으로 수백 미터 늘어선
성탄 예배 행렬에 막혀 꼬박 40분간 모스크바 크렘린을 빙 둘러 갈 수밖
에 없었다. 그 사이 두통이 일어났고 콧물로 꼴은 엉망이 되었지만 어쨌
거나 결국, 기어코 마침내 드디어 나는 그곳에 섰다.

정오를 30분 앞둔 늦은 아침, 이제 막 시리도록 파란 하늘이 열리며
회색 도시가 짙은 색을 띄기 시작할 무렵, 그 하늘 아래 나를 이곳으로
이끈 주인공이 서 있었다. 500년 된 대성당의 우아한 실루엣과 화려함이

반짝 하고 빛났다. 처음 내가 사랑에 빠진 모습 그대로였다.

'오직 너 하나 때문에' 달려온 '1만 킬로미터'였다. 이곳에 오기 위해 11시간을 날아왔지만 나는 좀처럼 성 바실리 대성당을 마주할 용기가 생기지 않았다. 언제나 중요한 일을 앞두고 머뭇거리는 버릇이 새삼스럽지는 않았다. 하지만 굳이 그곳까지 가서 왜 망설였는지 변명하자면 나를 이 낯선 도시까지 이끌려오게 한 그곳에 서는 순간 그대로 여행이 끝나버릴 것 같아 두려웠달까?

제법 긴 망설임이 끝난 것은 1월 7일이었다. 여행 셋째 날이자 그 해 가장 추운 날이었지만 쉼 없이 내리던 눈이 잠시 멎어 눈부시게 화창한 하늘이 첫 만남에 더없이 좋은 분위기를 연출했다. 이곳에 오는 내내 나는 매서운 날씨와 얼어붙은 풍경이 이 도시의 이름과 썩 잘 어울린다는 생각을 했다.

'더 늦지 않아 다행이야.'

현실이 상상보다 아름답기란 여간 어려운 일이 아니다. 실제로 모스크바의 겨울 풍경은 대부분 기대만큼 매력적이지 못했고 더러는 실망을 안기기도 했다. 하지만 단 한 번, 성 바실리 대성당 앞에서 나는 내가 가진 온갖 수식어를 모조리 갖다 붙여도 아깝지 않은 풍경과 마주했다. 마치 처음 내가 이 도시를 떠올리던 그날부터 쭉 지켜봤다는 듯 성 바실리 대성당은 가장 매혹적인 자태로 나를 맞았다.

1560년이니 벌써 500여 년 전이다. 러시아 황제 이반 4세가 카잔 한국汗國을 몰아낸 것을 기념해 지은 성 바실리 대성당은 러시아 정교회의

'그거 알아?
오직 널 만나기 위해 나는 이곳에 왔어.'

상징이자 자타공인 러시아를 대표하는 건축물이다. 러시아 고유 양식과 비잔틴 양식이 혼합된 독특한 건축 형태는 47미터의 중앙 첨탑과 그것을 둘러싼 8개의 독특한 원형 탑이 어우러져 세계 어느 곳에서도 느낄 수 없을 특별하고 신비한 감정을 선사한다. 누구라도 그곳에 간다면 무질서해 보이면서도 절묘한 조화를 이루는 그 모습에 단숨에 사로잡힐 수밖에 없을 것이다.

　양파 모양의 크고 작은 탑들은 그 규모도 규모이거니와 모양이며 크기, 색까지 어느 하나 같은 것이 없었다. 직선과 곡선, 매끄러움과 날카로움 등 그 표면을 훑어보는 것만으로도 시간이 훌쩍 지나갈 만큼 나는 그 자태에 매료되었다. 무엇보다 나를 감격하게 한 것은 가까이 다가갈 때와 멀어질 때 그리고 마주 볼 때와 비껴볼 때 모두 다른 성당의 수만 가지 표정이었다. 쌀쌀하기도 포근하기도 한 그 표정 속에는 광고판 사진에서는 볼 수 없었던 생명력이 있었다. 그 힘에 매료된 나는 영하 25도의 추위도 잊은 채 다시 지하철 광고판을 보던 날처럼 넋 나간 사람이 되었다.

　한참을 찬 숨만 아껴 쉬며 첫 만남만이 줄 수 있는 감격을 만끽하고 있었을 때 두터운 모자로 금발 머리를 가린 여행자와 눈이 마주쳤다. 지금 다시 생각해보면 큰 행운이었다. 폴란드에서 왔다는 그는 땅바닥에 엎드려 대성당의 자태를 좁은 아이폰 화면 안에 담는 데 열중하고 있었다. 우리는 대성당을 배경으로 서로의 사진을 찍어준 뒤 여행을 격려하는 짧은 인사를 나눴다. 만 하루가 지난 목요일 밤에도 여전히 나는 그곳에 있었다. 간밤을 이곳에서 보낸 것은 아니지만 호텔에서, 아르바트 거리와 뤼미에르 갤러리에서 밤이 되기만을 손꼽아 기다렸다. 마치 이제 막 사랑에 빠진 사람이 재회를 갈구하는 것처럼 말이다. 어느덧 새까만 밤이 되었고 한층 거세진 폭설에 앞이 보이지 않을 정도였지만 나는 멀리서도 한눈에 그곳을 알아봤다.

하지만 도시 전체를 물들일 듯 붉은 조명이 빈틈없이 채워진 광장에서 성 바실리 대성당은 어제보다 작고 어딘가 울적해보이기까지 했다. 왠지 이 도시의 독한 술이 떠오른 그 밤, 나는 밤 혹은 광장이 뿜어내는 감성에 취해 대성당 앞에서 두 가지 이야기를 읊었다. 하나는 500년 전 이 성당의 건축을 지시한 모스크바 대공국의 이반 4세가 완성된 성당의 자태에 반한 나머지 다시 이런 아름다운 건물을 지을 수 없도록 건축가 바르마와 보스토니크의 눈을 멀게 했다던 이야기, 또 하나는 '저게 실제로 있단 말이지?'라는 질문으로 처음 이 도시의 이름을 마음에 새긴 나의 이야기였다. 오직 사진 하나에 이끌려 낯선 도시로 가는 티켓에 내 이름 석자를 적었던 무모한 순간을 떠올린 것은 여행을 결심한 이후 처음이다. 나는 이 여행을 이뤄낸 것에 대해 오늘 하루만은 참거나 아끼지 않고 맘껏 감격하기로 했다.

좀처럼 끝나지 않을 것 같던 축제에서 간신히 빠져나오던 길, 불청객을 배웅하는 이는 아무도 없었지만 나는 몇 번씩 뒤돌아 서서 내 여행의 주인공인 성 바실리 대성당을 바라봤다. 몇 발짝 더 물러나 마지막으로 붉은 하늘 아래 빛나는 성당의 모습을 사진에 담았다. 광장을 메운 사람

들이 없었더라면 현실이 아니라고 느껴질 광경 앞에서 내가 할 수 있는 가장 간절한 인사였다.

'우리가 처음 만나기까지는 말도 안 되는 기적이 필요했지만, 다시 만나는 것은 그보다 훨씬 쉬울 거라 믿어.'

나는 내가 이미 이 순간을 몹시 그리워하기 시작했다는 것을 알고 있었다. 사실 그 후에도 한 번 더, 마지막 오후에 성 바실리 대성당을 찾았지만 결과는 실패였다. 박물관으로 운영 중인 대성당 내부를 관람했지만 화려한 내부 장식과 치밀한 건축 기술, 러시아 정교가 부흥했던 시절 만들어졌을 황금 장식이며 사치스러운 조각들 모두 내게 아무런 감흥을 주지 못했다. 성당 입구를 나오며 나는 혼잣말을 했다. 오지 않는 편이 나았을 텐데. 너무 많이 아는 것이 때로는 상처를 줄 수 있다는 것을 그날 나는 어렴풋이 알게 되었다.

아이러니하게도 여행을 다녀온 후 나는 더는 텔레비전과 책이 부르짖는 '여행의 기적'을 믿지 않게 되었다. 하지만 그럼에도 여행을 감히 꿈에 비유하게 된 단 하나의 이유는 이 날 내가 손에 쥐었던 '성취의 감격' 때문이다. 꿈을 꾸는 것과 그것이 현실이 되는 것이 완전히 다른 일이듯, 지난 가을 언젠가는 저곳으로 떠나리라 상상했던 여행이 그 모습 그대로 이뤄지던 날 나는 내 짧은 어휘로 설명할 수 없는 벅찬 감정을 느꼈다. 아마 '울림'이란 단어가 가장 잘 어울리지 않을까.

혹한 탓이었겠지만 그 순간에는 영락없이 나를 위해 준비된 것만 같던 텅 빈 붉은 광장 입구에서 꿈에 그리던 성 바실리 대성당을 보며 '네가 내 여행의 주인공이다'라는 간지러운 고백을 한 것도, 한 발자국 내딛을 때마다 사진기와 아이폰을 번갈아 잡으며 족히 네댓 장씩 사진을 찍은 것 역시 순전히 그 순간이 주는 힘 때문이었다.

열이틀의 여행 후 이 낯설었던 도시에 대해 제법 자신 있게 이야기할 수 있게 된 나는 돌아오는 비행기 안에서 앞으로 적어도 50개의 도시를 가보기 전까지는 다시 모스크바에 가지 않겠다고 다짐했다. 하지만 그 후 모든 여행에서 어김없이 이 도시를 떠올리고 심지어 몹시 그리워했다. 정확히 말하면 겨울 도시 한복판에서 전에 없이 뜨거웠던 나를, 무엇인가 간절했던 그 시간을 그리워했던 것 같다.

언젠가 다시 기적처럼 이 도시에 닿을 날이 온다면, 그리고 다만 하루라도 머물 시간이 주어진다면 나는 주저 없이 붉은 광장 그리고 성 바실리 대성당을 찾아갈 것이다. 내 생애 가장 무모한 '1만 킬로미터 어치' 용기를 선물해준 이 매혹적인 실루엣과 다시 마주하는 것만으로, 나는 다시 무엇이든 '저질러 볼' 용기가 날 테니까.

영 원 히
끝 나 지 않 을 것 만 같 던
붉 은 밤 의 축 제

　만약 이번 겨울 모두에게 두 번의 성탄절이 주어진다면 어떤 일이 생
길까? 거리 위 연인들은 두 배로 달콤해진 겨울과 연말에 연신 환호성
을 지를 것이고 아이들은 산타 할아버지에게 선물을 곱절로 받을 기대
감에 부풀어 여름부터 달력을 넘기며 손가락을 접어볼 것이다. 직장인
들은 두 휴일 사이를 휴가와 월차로 메울 계획을 짜느라 골머리를 앓겠
지. 물론 좋은 소식만 있는 것은 아니다. 싱글에게는 두 배로 외로운 겨
울, 엄마와 아빠에게는 제곱으로 힘든 휴일이 기다리고 있고 어쩌면 배
로 길게 적용된 성수기 요금 때문에 여행이며 휴가는 꿈도 못 꾸게 될
지도 모르겠다. 생각할수록 마냥 행운만은 아닌 것 같다. 뭐, 별 볼 일

스 로즈데스트봄!С Рождеством

(메리 크리스마스)

없는 내 성탄절이야 곱하기를 하건 나누기를 하건 크게 다를 것이 있겠냐만.

　누구나 한 번쯤 꿈꾸지만 이루어지리라 기대하지 않던 기적, 그것이 딱 한 번 거짓말처럼 현실이 되었다. 그것도 러시아 모스크바에서. 여행 셋째 날인 1월 7일, 낯선 도시에서 나는 그 겨울 두 번째 성탄절을 맞았다. 율리우스력을 사용하는 러시아에 오지 않았더라면 없었을 특별한 하루였다. 나는 아침 일찍 호텔을 나서 꿈에 그리던 모스크바 성 바실리 대성당과 감격적인 첫 만남을 가졌고 붉은 광장과 굼 백화점에서 밤이 깊도록 그들과 함께 축제를 즐겼다. 러시아의 성탄절에 다름 아닌 모스크바 붉은 광장에 있었던 것만으로도 나는 그날 분명 지구에서 손꼽히는 행운아였다.

　성 바실리 대성당을 배경으로 한 장뿐인 내 모스크바 여행 기념사진을 찍어준 폴란드인 여행자는 선물 하나를 더 남겼다. 바로 그의 멀어지는 뒷모습이 가리킨 붉은 광장의 풍경이다. 그가 아니었다면 대성당 너머 펼쳐진 축제를 어두워진 후에야 발견했을지도 모르겠다. 하지만 쉽게 떨어지지 않는 두 발을 놓고 바라본 광장의 첫인상은 아름다움보단 흥미로움, 반가움보단 생소함에 가까웠다. 너른 공간 한복판에 펼쳐진 대형 스케이트장이며 그 곁에 세워진 회전목마와 초대형 트리가 이 도시의 무뚝뚝한 표정과 어울리지 않았던 것이 첫 번째 이유요, 공간을 채운 오색 조명이 대낮부터 불을 환하게 밝힌 것이 어딘가 속임수처럼 느껴진 것이 두 번째 이유였다. 그때까지는 그곳에서 내가 평생 잊지 못할

하루를 보내리라는 것을 상상할 수 없었다.

　광장에 가까워질수록 커지던 사람들의 웃음소리며 얼음 지치는 소리가 이내 최고조에 달했을 때 눈앞에 펼쳐진 장면은 10여 분 전과 완전히 다른 세상의 것이었다. 진부하기 짝이 없는 표현을 빌리자면 '마치 동화 속에 들어와 있는 느낌'이었달까. 장난감 마을에서 잠시 빌려온 듯한 2층짜리 회전목마는 인형 같은 러시아 아이들의 웃음소리와 어우러져 거대한 오르골을 연상시켰고 대형 트리와 광장 한 켠의 간이 상점들이 크리스마스 케이크 과자 장식을, 광장 곳곳을 활보하는 산타와 순록 복장의 사람들은 유치원 시절의 성탄 연극을 생각나게 했다. 그리고 그 모든 풍경은 이 광장을 둘러싼 대성당과 대통령 궁, 백화점은 물론 러시아 역사박물관과도 절묘한 조화를 이루었다. 이런 아기자기한 것들이 러시아를 상징하는 붉은 광장과 이토록 잘 어울릴 것이라고는 실제로 보기 전까지 아무도 믿을 수 없을 것이다. 탁 트인 광장을 볼 수 없어 서운했던 마음도 녹아내린 지 오래였다.

　'아니, 러시아 사람들이 이렇게 웃음이 헤픈 사람들이었어?' 그곳이 모스크바와는 동떨어진 다른 세상처럼 느껴진 것에는 광장 가득 퍼진 사람들의 웃음소리 역시 한몫을 했다. 이틀 동안 이 도시의 상점이며 식당, 지하철과 거리 어느 곳에서도 볼 수 없었던 미소와 웃음이 이곳에서는 넘쳐났다. 축제의 분위기와 분장한 사람들의 모습, 카메라를 핑계로 사람들은 환하게 웃었다. 마치 웃음소리가 대화를 대신하는 듯했다. 대형 스케이트장을 빙글빙글 도는 이들은 아이며 어른 할 것 없이 광장의 이름처럼 빨간 볼을 씰룩이며 웃었다.

이 축제가 끝나기는 할까?

축제 그리고 사람이 만든 동화 같은 풍경 사이에서 나는 아주 오래된 기억을 꺼내 읽었다. 모서리가 해지고 먼지가 쌓여 제목마저 희미한 내 소년 시절 성탄절 일기들은 타인의 이야기처럼 새로웠을 뿐 아니라 나를 한결 더 설레게 했다. 이윽고 겨울 도시의 짧은 해가 저물며 흩뿌려진 빨강과 보라 중간쯤의 노을이 이 광장의 본래 이름인 '아름다운'красив ый 광장이라는 수식어와 무척이나 잘 어울렸다. 오후 내내 나는 그 광장을 족히 예닐곱 바퀴는 더 돌았다.

어느새 광장에는 밤이 내렸지만 사람들은 개의치 않는 표정이었다. 심지어 축제는 마치 이제 막 시작한 것 마냥 활기가 넘쳤다. 밤이 깊어지고 검은 하늘이 짙어질수록 굼 백화점 전체를 두른 주황색 조명이 그와 대비되어 더 환하게 빛났고 폭설과 사람들이 내뿜는 입김이 부옇게 퍼져 몽환적인 분위기를 더했다.

크리스마스 마켓 한 켠의 입식 테이블에 레몬 진저 티를 놓고 팔꿈치를 기댔다. 점심부터 아무것도 먹지 않았다는 것이 떠올랐기 때문이기도 했지만 무엇보다 이 축제 한복판에 잠시나마 머무르고 싶은 마음이 더 컸다. 나는 레몬 진저 티가 차갑게 식을 때까지 사방으로 펼쳐진 붉은 축제를 감상했다. 오후부터 빛을 낸 오색 조명과 쉬지 않고 도는 회전목마, 마술 공연과 구운 감자가 내는 연기를 즐겼다. 눈을 깜빡이는 것조차 아까웠던 그 밤은 분명 두 번째 성탄절이 안긴 선물이었다. 한아름 품은 그 선물상자가 너무 커서 나는 그 후에도 좀처럼 그 광장을 빠져나올 수 없었다.

한 가지 재미있는 이야기를 하자면, 나는 호텔에 돌아온 후에야 그날이 러시아의 성탄절이었다는 것을 알게 되었다. 러시아의 성탄절이 우리보다 2주 늦은 1월 7일이며 그에 맞춰 이곳 사람들이 연말부터 길게는 보름 정도의 연휴를 보낸다는 사실, 영원히 끝나지 않을 것 같던 그날의 파티가 실은 12월 초부터 시작된 축제의 절정이었다는 것을 모두 알게 되었을 때는 이미 그날이 끝날 무렵이었다. 하지만 덕분에 그저 지난 여행 중 가장 기억에 남는 하루 정도로 머물 뻔했던 그날은 단번에 내 생애 최고의 성탄절로 깊이 새겨졌다. 정작 그때 알지 못한 것이 얄궂으면서도 그날 만난, 내겐 가장 '모스크바다웠던' 장면들 덕분에 그날의 경험을 기꺼이 행운이라 부를 수 있게 되었다.

언젠가 그날의 붉은 광장을 사진으로 다시 마주한다면 어쩌면 이 여행이 아주 오래전부터 내게 준비된 것이 아닐까 하는 생각을 할 것 같다. 바로 '두 번째 크리스마스'라는 제목으로 말이다.

굼 백화점,
모스크바가 품은
보석

아르바트 거리를 지나 이름 모를 골목길을 건너 붉은 광장까지 걸어오는 길에 혹한으로 아이폰의 전원이 세 번 꺼졌다. 마지막으로 화면이 꺼졌을 때는 주머니 밖으로 손을 꺼낼 수조차 없었다. 그 길로 약 1시간쯤 더 걸어서야 성 바실리 대성당을 찾을 수 있었고 30분쯤 더 지나서야 붉은 광장에 닿았다. 감격에 젖은 머리와 가슴은 추위를 잊었지만 결국 손가락이 말썽을 부렸다. 겁을 집어 먹고 급하게 서둘러 피신한 곳, 굼 백화점은 그렇게 만났다. 새끼손가락이 이상 없이 동작한다는 것을 확인한 후 시선이 러시아를 대표하는 건축물 내부에 닿았을 때 나는 나조차도 처음 듣는 괴상한 환호성을 질렀다. 종종 이렇게 창피함을 잊는다.

모스크바 굼 백화점 로비에 들어서자마자 가장 먼저 한 일은 화려한 건축 양식과 호화로운 내부 장식에 감탄사를 내뱉은 것이 아니었다. 얼어붙어 움직이지 않는 왼쪽 새끼손가락을 일단 녹여야 했다. 먼지떨이 같은 가발을 쓴 밴드의 연주는 머리와 어깨 위에 쌓인 눈을 털어낸 후에야 들려왔고 뒤 이어 갓 구운 빵과 레몬 진저 티의 향이 코끝을 녹였다.

입구부터 복도로 이어져 각 상점들로 나뉘는 노란 조명을 따라 시선이 움직였다. 내 키를 훌쩍 넘는 마네킹은 깃털이 달린 검은 안경으로 얼굴을 가리고 있었다. 천장에 매달린 샹들리에와 눈 결정 모양의 모빌이 곧 떨어질 것처럼 흔들거렸다. 백화점 내부로 들어서며 나도 모르게 무도회장을 떠올렸다. 괜히 양쪽 어깨를 번갈아 확인하고 오른쪽 손으로 코트 단추를 쥐며 매무새에 신경을 썼다. 최대한 불청객 티를 내지 않기 위함이었다.

국영 백화점Государственный Универсальный Магазин의 앞글자를 딴 줄임말 굼ГУМ. 1889년 건립 당시 국영 상점이란 이름의 공장으로 운영되었지만 1917년 러시아 혁명과 스탈린 독재 체제를 겪으며 1,200여 개의 점포를 가진 공산주의의 상징으로 변했다고 한다. 러시아 전통 건축 양식이 가미된 현재의 외형으로 개조된 것도 이 무렵이다. 소비에트 연방 시절 굼은 국가에서 운영하는 국영 백화점이었지만 소련 붕괴 후 현재는 민영화되어 명품 브랜드 매장이 즐비한 호화 백화점이 되었다. 공장에서 상점 그리고 백화점으로, 공산주의의 상징에서 자본주의의 첫걸음으로. 굼의 변화상을 보고 있노라면 이곳이 러시아 근대 역사와 궤를 같이 한다고 해도 과언이 아니라는 것을 알 수 있다.

　사실 쇼핑을 그리 즐기지 않는 내게 굼은 그저 모스크바에서 가장 유명한 '상점'이었고, 붉은 광장에 가는 날 들러도 그만 아니어도 그만인 곳이었다. 하지만 붉은 광장 초입에서 굼 백화점의 외관을 보는 순간 나는 이 건축물에서 상점 이상의 의미를 발견했다. '언젠가 꼭 써먹어야지'라면서 '러시아 그리고 모스크바가 품은 보석'이라는 제목을 미리 정해 놓기도 했다. 굳이 손가락이 말썽을 부리지 않았더라도 그 외관의 아름다움에 이끌려 곧 들어섰을 것이다.

　성큼성큼 복도에 들어설 때까지만 해도 걸음에는 머뭇거림이 없었지만 그 후로 나는 연신 두리번거리며 이 건물이 완공된 19세기 말 제정 러시아 시대를 상상했다. 물론 작은 단서 하나 없는 머릿속에 떠오른 건 허무맹랑한 공상뿐이었지만. 100년이 넘은 굼은 족히 서울의 대형 백화점 두세 개를 이어 붙인 규모를 자랑했고 내부의 화려함과 섬세함이 러시아인들의 예술혼에 대한 내 기대를 충족시키고도 남았다. 모양과 크기가 일정한 200여 개의 점포와 아치 형태의 공간, 다리 배치 등은 조형적으로 무척 아름다웠는데 한 치의 오차도 없는 균형감 때문에 어딘가 섬뜩한 느낌이 들 정도였다. 하지만 이 날만을 기다렸을 화려한 성탄 장식들이 오월 꽃망울 터지듯 화려한 색으로 차가운 굼 내부에 파티 분위기를 더했다. 지난 1년간 모아 온 색을 모조리 꺼내 놓은 것 같았다. 복도에 전시된 향수며 시계, 선글라스와 드레스 역시 그 장식들 중 하나인 것처럼 반짝반짝 빛을 더했다.

물어볼 필요도 없이 오늘은 1년 중 굼 백화점이 가장 아름다운 날이다.

분위기에 취한 탓이었을까, 나는 건물 안에서 몇 번이나 길을 잃은 후에야 3층의 양쪽 복도를 연결하는 구름다리에 위치한 카페에 자리를 잡았다. 촌스러운 간이 테이블에 차 값도 평소의 배인 300루블이었지만 오늘의 파티를 감상하기에 이곳만 한 명당이 없을 거란 확신이 들었다.

발아래로 지나가는 사람들은 춤을 추는 것처럼 끊임없이 움직였다. 사람들은 복도 난간에 기대거나 곳곳에 서서 이야기를 나누고 내부를 배경 삼아 사진을 찍었다. 연인들과 아이들은 물론 연세 지긋한 할머니들도 일제히 가방에서 작은 크기와 화려한 색상의 구형 디지털카메라를 꺼냈다. 특유의 무뚝뚝한 표정과 경직된 자세로 서로의 사진을 번갈아 찍는 러시아 남자들의 모습을 볼 때면 웃음이 터졌다. 이 날 굼에 모인 사람들 역시 나처럼 이곳이 상점이라는 사실을 잠시 잊은 것 같았다.

나는 수첩을 꺼내 백화점 풍경과 백지를 번갈아보며 장면 하나하나를 글자로 바꿔 적었다. 언젠가 사랑하는 사람이 생기면 오늘 이야기를 해줘야겠다는 생각이 들었기 때문이다. 밤과 함께 레몬 진저 티 향도 점점 더 진해졌다.

여행 사진 저장용으로 가져온 하드 디스크가 신음 소리를 내며 흐느낀 다음날, 새 하드 디스크를 사기 위해 다시 굼 백화점을 찾았다. 사실은 그것을 핑계 삼아 꼭 해보고 싶은 것이 있었다. 바로 어른, 아이할 것 없이 손마다 들려있던 봉긋한 콘 아이스크림 마로제나예Мороженое를 먹는 것이었다. 사람들 끝에 줄을 서니 옆으로 텅 빈 아이스크림 카트를 매단 자전거가 스르르 굴러가며 기대감을 더했다. 크기와 종류 상관

없이 아이스크림의 가격은 50루블, 한국 돈으로 약 1,000원이었다. 여기서 공산주의의 잔재가 느껴진다면 과장인가? 초콜릿 아이스크림을 받아 들고 사진 한 장을 찍었다. 이 날씨에도 '쏘런' 아이스크림을 먹을 만큼 잘 지내고 있다는 것을 어머니께 보여 드리기 위한 '인증샷'이었다.

한 입 베어 문 아이스크림에 나는 '굼스크림'이란 이름을 지어주고는 몹시 만족스러워 웃었다. 뚝뚝한 표정으로 차례를 기다리고 있는 저기 모스크바 사람들에게 이 기발한 별명을 알려주고 싶어 옆구리 언저리가 따끔거렸다. 아무래도 이 아이스크림에는 누구든 아이가 될 수 있는 힘이 있는 게 아닐까, 그것도 단돈 1,000원에.

이게 선물이지 뭐, 별 것 있나. 굼을 나서는 길, 양 손은 텅 비어 있지

만 하나도 아쉽지 않았다.

'분명 뭔가 있어, 그렇지 않고서야 그렇게 줄을 설 리가 없지.'

붉은 광장 끝에서 붉게 빛나는 굼 백화점을 보며 나는 모스크바가 생각보다 훨씬 굉장한 도시라는 것에 왠지 모를 뿌듯함을 느꼈다.

겨 울 광 장 이

선 사 한

한 겨 울 밤 의 꿈

　밤이면 홀린 듯 이 광장을 찾아온 것이 오늘로 벌써 네 번째다. 지난 수요일부터 월요일까지 엿새 동안 네 번이나 왔으니 거의 매일 온 것이나 다름없다. 이 광장 근처에 기가 막힌 샤실리크Шашлык(러시아 전통 꼬치구이) 음식점이 있거나 매일 밤 불꽃쇼가 열리는 것도 아닌데 해가 지면 나도 모르게 발길이 향했다. 아니 정신 차리고 보면 어느새 이곳에 닿아 있었다는 표현이 어울리겠다.

　언젠가 한 번은 지하철역 출구 문턱에 서서 진지한 표정으로 세계에서 다섯 손가락 안에 들만큼 넓은 이 도시가 실은 이 지점을 중심으로 미세하게 오목한 형태가 아닐까 하고 생각했다. 내리막에서 미끄러지듯 자연스레 이곳에 와 버린 것을 보면 말이다. 실제로 이 광장 입구에는 모스크바의 중심을 표시하는 점이 있다.

하지만 누가 이곳에 와서 무얼 했느냐 물으면 딱히 답할 것이 없다. 매일 밤 이 광장에 있었지만 나는 아무것도 하지 않았다. 그저 어제는 저쪽, 오늘은 이쪽 끝자락 어딘가에 앉아 겨울밤 풍경을 바라본 것이 전부였다. 심지어 오늘은 항상 매고 다니던 사진기도 챙기지 않았다. 아마 이대로 30~40분쯤 더 광장을 바라보다 오늘부터 머물 아파트로 돌아갈 것이다. 어머니가 아시면 '이 추위에 웬 청승이냐'며 야단치실 일이다.

붉은 광장 북서쪽에 위치한 마네쥐나야 광장. 처음에는 붉은 광장을 떠나오던 늦은 오후에 스쳐 지나간 것이 전부였다. 하지만 그 짧은 순간에 광장에서 느꼈던 감정이 그 무렵 머물고 있던 호텔에 돌아온 후에도 한참이나 더 계속될 만큼 강렬했다. 그날 밤에는 그저 사방이 막힌 광장을 벗어난 해방감 같은 것이겠지 하고 대수롭지 않게 생각했다.

'마네쥐나야, 마네쥐나야. 마네쥐…'. 컴퓨터 화면 속 구글 지도를 보며 몇 번, 샤워를 하며 다시 몇 번. 그날 밤 나는 그 광장의 이름을 반복해 불러보았다. 자꾸 되뇌다 보니 어쩐지 아름다운 러시아 여인의 이름 같은 것이 정겹다. 아무래도 이곳에서 나는 너무나도 쉽게 사랑에 빠지는 사람이 된 것 같다.

짧은 순간 스쳐지나간 것이 전부였는데, 계속 잔상이 떠올라 결국 한 겨울 풍경이 절정이 달하던 날 밤, 자꾸만 내 머릿속에서 맴돌던 광장을

다시 찾았다. 추위도 추위였지만 그곳의 분위기에 압도되어 나도 모르게 어깨가 움츠러드는 것을 느꼈다. 세계에서 가장 크다는 구 형태의 크리스마스 장식물은 새파란 조명을 뿜으며 도시의 붉은빛과 강한 대비를 이루었다. 붉은 광장의 겨울 풍경이 마치 영원히 꺼지지 않을 불처럼 화려하고 열정적이었다면 마네쥐나야 광장의 풍경은 겨울 도시의 차가움을 여과 없이 내보이고 있었다.

생각해보면 그곳의 솔직함이 무척 좋았던 것 같다. 밤이 깊어지고 모인 사람들이 조금씩 떠나는 것을 보는 동안 나는 이곳에 온 후 처음으로 아무 생각도 하지 않고 시간을 보냈다. 찬 공기가 텅 빈 머릿속을 채운 탓인지는 몰라도 무척 상쾌한 기분이 들었다.

네 번째 마네쥐나야를 찾은 날, 나는 그것이 내가 이곳을 찾는 마지막 날이 될 것이라 예감했다. 그런 이유로 조금 더 다가가 볼까도 싶지만 아무래도 이 정도 거리에서 바라보는 것이 좋겠다고 생각했다. 할아버지 손을 잡고 미끄럼을 타는 아이들의 웃음소리를 배경 음악 삼아 깊은 밤을 즐겼다. 어느새 겨울이 몇 발짝 물러났는지 부쩍 온화해진 날씨에 내일부턴 코트를 두 벌이나 입을 필요가 없겠다는 생각을 했고, 사람들이 전처럼 내 주변에 모여들지 않는다며 혼잣말을 했다. 저 불이 몇 시쯤 꺼질지 혼자 내기를 해보기도 했다.

9시가 조금 지나서야 자리에서 일어난 나는 붉은 광장을 가로질러 굼 백화점 뒤편 한식당 김치Кимчи 카페에서 저녁을 먹었다. 이곳에서 처음 먹는 한식이었다. 이곳에 와서 김치 생각 한 번 하지 않았지만 그날은

왠지 한식을 먹어야 할 것 같았다. 최대한 특별하지 않게, 감탄이나 감동 없이 마무리하고 싶었다.

스몰렌스카야의 골든 링 호텔에서 키옙스카야의 아파트로 숙소를 옮긴 후에는 더는 마네쥐나야 광장에 가지 않았다. 새 숙소가 꽤 마음에 들었던 데다 키옙스카야 역 건너편 유로피안 몰에서 주로 저녁 식사를 했기 때문이다. 당연하게도 그날처럼 특별한 밤은 더는 없었다.

다만 그 마지막 밤 이후 모스크바의 밤을 전보다 부쩍 더 좋아하게 되었다. 좋아하는 거리 사진을 찍기에도 풍경을 감상하기도 어려운 데다가 겨울 도시는 해가 진 후 혹독하리만큼 추웠지만 그곳에서 내 기억 속에 영원히 지워지지 않을 선물 같은 몇 번의 밤을 보냈기 때문이다.

마네쥐나야, 내겐 화려함보다 솔직함으로 기억되는 곳이다. 그곳에선 무엇이 나를 이곳으로 이끌었는지, 내가 이 여행에서 무엇을 얻고 앞으로 어떤 사람이 되어야 할 것인지 이런 거창한 이야기를 굳이 꺼낼 필요가 없었다. 시리도록 차가운 겨울 도시의 밤을 그저 감상하는 것으로 충분했다. 그 매력에 빠져 나는 매일 밤 그곳에 있었다. 좌에서 우로, 위에서 아래로 또 모서리에서 반대쪽 모서리로 눈을 돌리고 고개를 젖히며 감상했다. 모스크바에서 나는 몇몇 갤러리를 방문해 유명 작가들의 멋진 그림이며 사진들을 보았지만 그 어떤 것도 이곳의 풍경만큼 찬란하게 빛나지 않았다.

'혹시 내일이라도 그곳에 날아가면 다시 그런 밤이 있을까.'

나는 요즘도 가끔 서울의 까만 밤 위에 그 동그란 크리스마스 장식을 손가락으로 그려보곤 한다. 다른 건 몰라도 이것만은 찍어놓은 사진을 보는 것보다 이 정도 거리에서 어슴푸레 그려보는 것이 좋다. 그래야 내가 있는 곳 어디에서든 마네쥐나야를 만날 수 있으니까.

5 0 0 년 의   시 간 이
덧 칠 된
아 르 바 트   거 리

여행을 가면 으레 부르기 쉬워서, 그게 아니면 유독 발음이 입에 착 붙거나 글자의 모양이 마음에 든다는 이유로 금방 이름을 외우게 되는 장소가 있다. 더러 출발 전 구글맵이나 가이드북을 뒤적이다 이미 사랑에 빠지기도 하는 이런 공간들은 자연스레 친근한 장소, 그 도시를 대표하는 '나만의 키워드'가 된다. 혹 그곳에서 그럴듯한 장면이나 특별한 인연이라도 만나게 되면 그 뒤는 더 말할 것도 없다. 내겐 교토의 기요미즈데라, 대만 단수이 워런마터우, 바르셀로나 카탈루냐 광장 그리고 모스크바 아르바트 거리가 그런 곳이다. 아직 많은 곳을 다녀보지 않았지만 그래도 도시마다 '나만의 키워드'가 되는 장소를 하나씩은 꼭 간직하고 있다.

아르바트. 지도 한 장과 몇 권의 책들로 도시를 미리 훑어보던 내 눈에 가장 많이 띄었던 장소다. 게다가 발음도 글자도 낯선 러시아어 사이에서 그나마 부르기도 읽기도 쉬워 잊지 않게 되었다. 게다가 운 좋게도 아르바트 거리의 시작인 스몰렌스카야 역 근처에 있는 골든 링 호텔에서 엿새를 묵게 되어 많은 날을 이 아르바트 거리에서 시작하고 또 마무리했다. 성 바실리 대성당과의 첫 만남이 그토록 감격적이었던 것은 이 거리에서 흘린 대량의 콧물 덕분이었으리라. 게다가 아르바트 중간쯤에 위치한 '쉐이크쉑Shake Shack' 모스크바 점이 없었다면 나는 강남역 길 한복판에서 햄버거 하나 먹기 위해 100분쯤 줄을 섰을지도 모르겠다.

아르바트스카야Арбатская부터 스몰렌스카야를 잇는, 정확히 구 아르바

트Старый Арбат거리는 모스크바의 대표적인 번화가이자 역사에서도 중요한 위치를 차지한다. 모스크바 대공국 시대부터 귀족들이 모여 살던 지역인 이 거리는 러시아 문학과 예술의 중심지로 알렉산드르 푸시킨Алекс андр Пушкин과 표도르 도스토옙스키Фёдор Достоевский, 표트르 차이콥스키Пётр Чайковский를 배출했으며 지금도 고풍스러운 건물과 거리의 예술가들이 그 가치를 이어가고 있다. 한 블록 너머 신 아르바트Новый Арбат 거리도 가봤지만 글로벌 패션 브랜드 스토어와 프랜차이즈 음식점뿐인 풍경이 서울과 다를 것이 없어 그 후 다시 찾지 않았다. 다만 두 아르바트 거리를 나누는 롯데 호텔Lotte Hotel과 대형 쇼핑몰 롯데 플라자Lotte Plaza가 무척 반갑게 느껴졌다. 롯데 호텔은 모스크바에서도 손꼽히는 고급 호텔이라고 한다.

서울에서 본 책과 블로그 포스팅은 하나같이 이 거리를 모스크바의 '명동' 혹은 '가로수길'이라고 소개했다. 하지만 나는 500여 년 전 이 거리에 모여 살았던 모스크바 대공국 귀족들의 품격이 여전히 거리 양 옆으로 호화롭게 펼쳐지고 그림과 책 시장이 길 끝까지 즐비한 아르바트를 감히 두어 달마다 얼굴과 이름을 바꾸는 콘크리트 건물, 국적 불명의 간식거리를 판매하는 노점들의 집합소에 빗댈 용기가 나지 않는다. 하지만 이 아름다운 거리에서 사람들은 모자를 뒤집어쓴 것도 모자라 고개를 숙이고 걷기에 바빴다. 간간히 거리 공연을 하는 이들이 눈에 띄었지만 그들과 함께 즐기고 싶은 마음보다는 혹한에 얼어붙은 모습이 안쓰럽게 느껴졌다. 아쉽게도 한겨울 아르바트 거리에서 여행 전 찾아본 사진들의 활력을 기대한 것은 애초에 무리였던 것 같다. 하지만 그럼에도

이게 무슨 모스크바의 명동이야.

나는 다양한 이유로 아르바트 거리를 걷는 것을 무척 좋아했다. 이름 없던 거리가 '아르바트'라는 이름을 갖기 시작한 15세기의 정취를 배경 삼아 현재까지 천천히 그들이 겪은 변화를 덧칠한 풍경은 그 자체로 아름다웠다. 그 옛날 이 곳에 살았던 이들이 가장 중요하게 생각했던 가치가 후손들에 의해 지켜지고 혹은 파괴되며 생긴 균열 역시 그 자체로 멋스러웠다. 전통 미술, 현대 예술 어느 쪽으로도 분류할 수 없는 어색한 형태였지만 그 자체로 다른 곳에서 볼 수 없는 특별함이 있어 좋았다.

　그곳에서 이뤄진 멋진 만남들 역시 빼놓을 수 없다. 나는 아르바트 거리에서 러시아 대문호 푸시킨을, 소비에트 연방의 전설적인 록 밴드 키노Кино의 리더 빅토르 초이Виктор Цой를 만났다. 160여 년을 사이에 둔 영웅의 공존이라니, 새삼 이 거리가 품고 있는 시간의 폭에 놀라지 않을 수 없다. 바로 이것이 길지도 화려하지도 않은 그 거리가 지닌 남다른 가치이기도 하다. 1만 킬로미터를 날아온 낯선 여행자가 이곳에서 어느새 마음속에 푸시킨의 시를, 빅토르 초이의 노래를 담게 되었다.
　아르바트 거리에는 유독 재미있는 장면이 많았다. 나머지 시간은 '이름 없는' 아니 '이름을 묻지 못한' 각 장면의 주인공들과의 만남으로 채워졌다. 길 한복판에 서 있는 클래식 오토바이에 앉은 아이들이 짓는 익살스러운 표정을 보며 따라 웃었고 추위에 아랑곳하지 않는 거리의 화가들과 도넛 쥔 신사 주위로 모여든 비둘기들, 토끼 분장을 하고 호객하는 사람을 보며 환호했다. 거리를 배경으로 웨딩 사진을 촬영하는 연인들의 실루엣에 다가가 축하 인사를 건네기도 했다. 대부분 공교롭거나

절묘한 '우연'이 만들어낸 그 장면들을 사진에 담으며 나는 낯선 쾌감을 느꼈다. 그날 나는 끝에서 끝으로 그 거리를 걷고 또 걸으며 새로운 감정을 즐겼다. 지금까지도 내가 유독 거리 사진을 탐닉하게 된 이유를 이 아르바트에서 찾고 있다.

아르바트에서는 결과보다 과정이 즐거운 것이 전혀 놀랍지 않았다. 처음 이 길은 그저 붉은 광장으로 가는 통로, 식당이며 카페가 몰려 있는 공간, 기념품 상점이 몰려 있는 시장이었지만 이내 이 공간은 내가 이 도시를 만나고 겪고 사랑하게 되는 모든 과정의 중심이 되었다. 자연스레 여행의 베스트 컷 중 상당수 역시 이 거리를 배경으로 하고 있다. 이러니 어찌 내가 이 거리를 사랑하지 않을 수 있겠는가.

여행 다섯째 날, 호텔을 나설 때까지만 해도 짜리찌노Царицыно 공원에 가볼 계획이었다. 그런데 아르바트 거리 중간쯤, 바흐탄고프 국립 극장Государственный академический театр имени Евгения Вахтангова 건너편의 이름 모를 골목길로 들어서서 쭉 뻗은 골목길에 시선이 닿는 순간 '저 너머에 무엇이 있을까?'라는 궁금증이 생겼다.

아르바트를 벗어나 새 길로 들어서면서 이 선택이 나의 하루를 어떻게 이끌어갈지 반은 기대감으로 반은 의구심으로 짐작해봤다. 기분만은 매우 상쾌했다. 역시 나는 이렇게 좀 대책 없는 것이 어울린다. 그리고 아르바트 거리는 사방으로 뚫린 것이 이 여행과 닮아 마음에 든다.

'러시안 뷰티'
노보데비치
수도원

모스크바 지하철 메뜨로^{метро} 티켓을 사는 데 익숙해진 후로는 쭉 모스크바 중심가를 벗어나고 싶었다. 어느 틈에 '스몰렌스카야-아르바트-붉은 광장'이 '광화문-시청-명동' 구간만큼 익숙해졌기 때문이다. '이곳만큼은 꼭 가봐야겠다'며 서울에서 만든 한 장짜리 리스트는 여행 나흘 만에 모두 '클리어'했다. 그도 그럴 것이 성 바실리 대성당이며 붉은 광장, 굼 백화점이 모두 한 곳에 몰려 있었기 때문이다. 이제 남은 기간 동안 하루하루 '내일 뭐하지'라는 질문에 답을 해야 했다.

주니어 스위트룸의 침대는 가로로 누워도 불편하지 않았다. 오히려 창 밖 외무성 건물을 보며 잠들 수 있겠다는 생각이 들어 대단한 발견을

한 것 마냥 기뻤다. 그렇게 나는 랩톱 컴퓨터와 평행하게 누워 화면을 응시했다. 검색어는 당연히 'Moscow(모스크바).'

이렇게 침대에 누워 '세상 편하게' 이미지 검색으로 여행하는 것도 나쁘지 않다고 생각했다. 그때 유난히 이색적인 사진 한 장이 몸을 일으켜 시트 위에 양반다리를 하고 앉게 만들었다. '유네스코 세계 문화유산'이라는 설명을 보고 나서는 더 볼 것도 없다며 화면을 덮었다. 그리고 난생처음 가로로 침대에 누워 잠을 청했다.

빨간색 지하철 노선 스포르티브나야Спортивная 역에 도착한 것은 다음 날 오전 11시였다. 꽤 멀 것이라는 기대와 달리 아르바트 거리의 아르바트스카야역에서 고작 네 정거장밖에 떨어져 있지 않았다. 조금만 부지런을 떨었다면 걸어서도 올 거리였다. 10분 정도 걸어가면 노보데비치 수도원Новодевичий монастырь에 닿을 지점에서 문득 하늘을 올려다봤다. 며칠 새 날이 풀려 아침 기온이 영하 12도까지 올랐고, 구름 사이로 파란 하늘이 조각조각 비치는 것이 영락없는 '되는 날'의 징조였다. 하지만 이내 얼어붙은 노보데비치 호수를 사이에 두고 수도원과 공원으로 나뉜 갈래 길에서 나는 한참을 고민해야 했다. '아무래도 이 수도원의 모습을 호수 건너편에서부터 감상해야 제대로 된 한상 차림이 아니겠냐'는 생각과 '언제 눈이 쏟아질지 모르니 일단 허기부터 채우고 보자'는 생각 사이에서 나는 한참을 이러지도 저러지도 못한 채 서 있었다. 아아, 이 호수에서 '백조의 호수'의 영감을 얻었다는 차이콥스키가 섰던 곳도 이 자리였겠지.

보통은 이럴 때 누가 '번쩍' 하고 나타나 결정을 내려주면 참 고맙겠다는 생각이 든다. 하지만 그것이 갑자기 쏟아진 폭설이라면 이야기가 조금 다르다. 그저 서 있던 곳에서 몇 발짝 더 가깝다는 이유로 노보데비치 공원 쪽으로 동동걸음을 치며 나는 괴팍한 날씨에 무어라 감사의 인사를 해야 할지 다시 심각한 고민에 빠져야만 했다.

한여름 소나기 같은 눈이었다. 순식간에 앞이 보이지 않을 만큼 쏟아졌다. 조금 전까지만 해도 그나마 산책로 형태를 갖췄던 공원이 한순간에 하얀 설원이 되었다. 후에 이 장면을 사진으로 본 지인들은 입을 모아 이렇게 말했다.

"이건 정말 끔찍하게 추워보이네."

여름이면 이 공원에서 연못에 비친 수도원의 모습을 감상하며 태닝을

한다니, 아무래도 직접 보기 전까지는 믿을 수 없을 것 같다.

세차게 내리던 눈은 20분 뒤 거짓말처럼 '뚝' 그쳤다. 마치 인절미 훔쳐 먹고 입가를 털어낸 것처럼. 깔끔하게 고민거리 정리해줬으니 이제 된 것 아니냐는 말을 하고 싶었던 걸까. 구름이 걷힌 틈으로 파란 하늘이 열렸다. 파란 캔버스처럼 선명한 색이었다. 하지만 공원과 수도원을 잇는 짧은 다리를 건너는 내겐 겨울의 기적에 감탄할 겨를이 없었다. 그저 다시 눈이 오기 전에 얼른 수도원으로 가야겠다며 걸음을 재촉했다.

총길이가 1킬로미터에 달하는 12개의 하얀색 석벽으로 둘러싸인 노보데비치 수도원에 들어선지 두어 시간이 지나서야 나는 16세기 모스크바 바로크 건축양식의 아름다움이 앗아간 이성을 되찾을 수 있었다. 다른 날보다 유독 더 짧았던 해가 아니었으면 분명 더 오래 걸렸을 것이다.

이제 막 내리쬐는 햇살에 반짝반짝 빛나는 노보데비치 수도원의 건축물을 보며 나는 '러시안 뷰티'라는 단어를 떠올렸다. 이 도시의 아름다운 여성들을 보면서도 한 번도 생각한 적 없는 말이었지만, 이 풍경에는 맞춤 양복처럼 잘 어울렸다.

'모스크바 바로크 양식의 정수', '2004년 유네스코 세계유산 등재' 등 아무리 화려한 수식어라도 이 수도원의 아름다움을 제대로 설명하기엔 부족하다. 캠퍼스 정 중앙에 위치한 붉은 색의 성모 승천 교회Церковь Успения Пресвятой Богородицы가 파란 하늘과 새하얀 눈밭 사이에서 매력적으로 빛나고 있었다. 호화스러운 금색 지붕에서 러시아 정교가 번성했던 시대의 화려함이 엿보이는 듯 했다. 주변을 둘러보니 수도원 건물 끝에는

약속이라도 한 듯 금이 둘러져 있다. 어느 나라든 그렇지만 조상들은 참 사치스러웠던 것 같다. 그때 이렇게 써버렸으니 금이 비쌀 수밖에. 어느새 러시아인과 비슷해진 내 방식의 찬사였다.

모스크바 대공국의 바실리 3세가 폴란드령 스몰렌스크를 탈환한 것을 기념해 건립한 노보데비치 수도원은 오랫동안 차르Царь(황제)와 귀족이 출입하는 수도원으로 백성들에게는 경외의 대상이었다고 한다. 모스크바 강의 물줄기가 교차하는 지점에 세워진 수도원은 종교적인 의미뿐 아니라 방어 거점의 역할로도 그 중요성이 매우 큰 시설이었다. 게다가 러시아 크렘린 궁전과 붉은 광장 그리고 모스크바 도시 계획 전반에도 노보데비치 수도원의 공간 배치가 큰 영향을 미쳤다고 하니 '러시아의 정신'으로 불리기에 손색이 없다.

내게 노보데비치 수도원은 무척 어지러운 곳이었다. 물론 좋은 의미에서다. 어느 쪽으로 고개를 돌려도, 심지어 뒤로 돌아서도 가슴 두근거리는 풍경을 피하기 힘들었기 때문이다. 게다가 현재도 종교 시설로 활용되는 듯 이따금 수도원 내부를 활보하는 검은색 러시아 정교 복장의 성직자들을 볼 수 있었다. 이들을 제외하면 오후 내내 수도원에는 나 혼자뿐이었는데, 마치 휴일 놀이공원 침입에 성공한 아이처럼 신이 났다. 엄숙한 분위기 때문에 즐거운 비명은 속으로 삼켜야 했지만.

크지 않은 수도원 캠퍼스를 서너 바퀴 돌며 스몰렌스크 대성당Смоленский собор과 성모 마리아 교회церковь Пресвятой Богородицы, 수도원 중앙의 대종루鐘樓를 감상했다. 수도원 최초의 석조 건물이라는 스몰렌스크 대

'러시안 뷰티' 노보데비치. 마치 거대한 보물 상자 안에 들어와 있는 것 같다.
세상에, 성 바실리 대성당보다 더 아름다운 것이 있다니!

성당은 금이 녹아내린 듯한 처마의 형태와 순백의 외벽이 하얀 설원과 어울렸고 성모 마리아 교회는 이름처럼 끝자락에서 수도원 전체를 양팔로 온화하게 끌어안는 모양새였다. 5단으로 지어진 72미터의 종탑은 바로크 양식에 대한 그들의 자부심을 느끼기에 충분했다.

모양은 제각각이었지만 노보데비치 수도원의 예배당과 탑, 그 외의 건축물들은 절묘한 조화를 이루었다. 나는 무릎을 꿇고 앉아 사진을 찍으며 광각 렌즈를 가져오지 않은 것을 무척 후회했다. 그날 나는 영락없는 관광객이었지만 그곳이 노보데비치였기에 내가 그런 모습을 보였던 것을 조금도 후회하지 않는다.

듬성듬성 솟아오른 모스크바 바로크 시대의 유산 사이 낮은 공간들은 러시아인들의 정신이 빈틈없이 메우고 있었다. 이 곳에 묻힌 러시아 극작가 안톤 체호프Антон Чехов, 소설가 니콜라이 고골Николай Гоголь과 러시아 초대 대통령 보리스 옐친Борис Ельцин, 인류 최초의 우주인 유리 가가린Юрий Гагарин의 묘비를 보며 어쩌면 러시아의 정신을 가장 잘 간직한 곳은 이곳이 아닐까라고 생각했다.

며칠 후 나는 전 러시아 박람회장 베데엔하에서 다시 아끼는 녹색 울코트가 흠뻑 젖을 만큼 큰 폭설을 맞았지만 그보다 노보데비치 공원에서 만난 폭설을 몇 배는 더 극적인 설경으로 기억하고 있다. 우연한 발견, 의외의 날씨 그리고 시간을 초월한 절대적인 아름다움. 폭설이 그치고 베일이 걷히듯 나타난 '러시안 뷰티'는 내일 무엇을 할지 고민했던 간밤의 질문에 좋은 답이 되었다. 나는 점점 더 이 겨울 도시에 깊이 빠져들고 있었다.

엠 게 우 를 담 아 내 기 에
하 루 는
턱 없 이 ' 작 다 '

"내 전공 수업 때도 잘 안 갔는데 무슨."

중국인 관광객들의 서울 여행 필수 코스 중 이화여대가 있다는 이야기는 익히 들어 알고 있었지만 나는 '남의 학교'에 관광을 하러 간다는 것을 좀처럼 이해할 수가 없었다. 그럴 시간에 엊그제 취소한 짜리찌노 공원 방문을 실행하는 것이 현명할 것이라고 생각했다. 호텔 창틀에 끼워놓은, 며칠 전 뤼미에르 갤러리에서 구입한 사진 속 모스크바 국립 대학교 엠게우-МГУ, Московский Государственный Университет를 그저 소련 시대의 멋진 궁궐 중 하나 정도로 알고 있었기에 가능한 일이었다. '스탈린 시스터즈'라는 흥미로운 이름은 골든 링 호텔에 머무는 동안 나의 밤을 지켜준 러시아 외무성 건물을 통해 처음 알게 되었다. 러시아 혁명 이후 미국 등 경쟁 국가에 자국 세력을 과시하기 위해 세워진 7개의 스탈린 고딕 양식 건물을 굳이 다 보고 싶은 마음은 없었지만 나는 적어도 그중 '백미'가 무엇일까 늘 궁금했다.

자타공인 모스크바 러시아 최고의 대학교인 엠게우는 세계에서 가장 큰 나라이자 한국 못지않게 학구열이 높은 러시아에서 최고의 인재들이 모이는 학교다. 1755년 붉은 광장에 설립된 260년 역사를 가진 대학교로 철학, 법학, 의학 3개 학부로 나뉜다. 설립 당시에는 신분에 따라 입학에 제한이 있었다고 하니 그 시간의 깊이를 감히 가늠해보게 된다. 러시아의 대문호 안톤 체호프, 20세기를 대표하는 예술가 바실리 칸딘스키Василий Кандинский, 화학의 아버지라 불리는 드미트리 멘델레예프Dmitrii Mendeleev 등 세계 역사에 남을 학자들의 이름이 엠게우의 역사에 기록되어 있다.

하지만 우리에게 엠게우는 학교의 위상보다 스탈린 고딕 양식의 건축물로 더 잘 알려져 있다. 붉은 광장에 있던 엠게우는 1948년 현재 위치인 레닌 언덕에 조성된 대규모 캠퍼스로 이전을 시작했는데, 경쟁 국가에 세력을 과시하기 위해 엄청난 규모의 캠퍼스를 화려한 스탈린 건축 양식으로 지었다. 5년 후 완공된 엠게우 본관의 높이가 240미터였고 이후 40년간 유럽에 그보다 높은 건물이 없었다고 하니 당시 스탈린의 위상이 어느 정도였는지 짐작할 수 있다. 본관 건물 꼭대기에 매달린 12톤의 붉은 별이 이제는 빛바랜 스탈린 시대의 영광을 간직하고 있다.

   실제로 지하철 우니베르시떼뜨^{Университет} 역에서 출발해 거대한 엠게
우 본관을 발견하기까지 약 20분이 걸렸고, 그 후로 10분을 더 걸어서야
호텔방에 걸어둔 사진과 같은 위치에 설 수 있었다. 나중에 지도를 보
니 대체 언제 학교가 나오는 거냐며 걸어가던 길이 사실은 모두 캠퍼스
였고, 전체 면적은 붉은 광장보다도 훨씬 넓었다. 나는 블라디보스토크
에서 열흘을 꼬박 달려야 모스크바에 도착한다는 시베리아 횡단 열차를
떠올렸다. 그렇다. 이곳은 세계에서 가장 넓은 땅덩어리를 가진 러시아
였다.

   '아무래도 다음 모스크바 여행은 블라디보스토크에서 시작해야겠어.'
나는 점점 이 큰 땅덩어리가 궁금해지기 시작했다.

캠퍼스의 규모와 엠게우 본관의 위용은 기대 이상이었다. 직접 보지 않았다면 분명 두고두고 후회했을 것이다. 하지만 한겨울 캠퍼스 풍경은 그리 낭만적이지 못했다. 학기가 시작되기 전인 1월, 캠퍼스에서 학생들의 모습은 보기 힘들었고 텅 빈 교내 셔틀 버스만이 눈이 녹은 웅덩이의 물을 튀기며 달렸다. 흐린 날씨 탓인지 기념 촬영을 하는 중국인 단체 관광객조차 한 팀 없었다. 구름에 가린 본관 건물 꼭대기는 좀처럼 나올 생각을 하지 않았다. 그저 평온하고 고요하기만한 겨울 방학 캠퍼스 풍경에서 낭만은 기대할 수 없었지만 덕분에 스탈린 시스터즈의 백미를 원 없이 감상할 수 있었다. 가까이 다가가서, 또 멀리 떨어져서 감상한 엠게우 본관 건물은 어느 방향에서 보아도 완벽한 균형이 돋보였고 돌덩이 하나 어긋나지 않는 치밀함이 인상적이었다. 가볍게 시작한 캠퍼스 산책은 설립자 미하일 로모노소프^{Михаил Ломоносов}의 동상을 지나쳐 1시간이 넘도록 이어졌다.

엠게우 본관을 한 바퀴 돌아 마침내 다시 그 자리, 엠게우가 가장 아름답게 보이는 곳에 섰다. 그리고 얼어붙은 연못이 녹아 스탈린 시스터즈의 아름다움을 배로 돋보이게 해줄 봄의 캠퍼스를, 그 양쪽으로 펼쳐진 잔디밭에 앉아 여유롭게 오후를 즐기는 사람들의 모습을 상상했다. 여름이면 밤 11시까지 해가 지지 않는다는 모스크바의 백야를 배경 삼아 공상은 이내 이 학교에 재학 중인 미모의 러시아 여성에게 학교에 대한 설명과 그녀의 추억을 듣는 장면으로까지 뻗어나갔다. 자연스레 눈이 감기고 몸이 스르르 녹는 기분이 들었다.

하얀 밤 그리고 엠게우,
이곳에 다시 와야 할 이유가 생겼다.

그 길로 생각보다 빨리 엠게우 캠퍼스를 빠져나왔다. 그 이유는 언제가 될지 모르는 다음 여행을 위해서였다. 턱 없이 부족하게 담은 오늘의 이야기를 언제가 될지 모르는 다음 여행 사이의 '간주' 혹은 '접속사'로 사용하기 위해서였다. '그리고, 그래서, 그렇게'나 '그렇지만, 그러므로' 혹은 '결국' 언제 그리고 어떤 이야기로 이어질지 모르겠지만 재회하는 날이 되면, 더 담지 않고 이만큼 비워둔 것을 분명 잘한 일이라 생각할 것이다.

지하철을 타기 위해 돌아간 우니베르시떼뜨 역 앞에서 벽에 기대 따분하게 휴대폰을 바라보는 청년의 모습 위로 깊은 주름의 노인이 다가갔고 이윽고 두 사람이 겹쳐졌다. 그 장면을 보며 역시 나는 이 도시와 재회하는 날을 손꼽아 기다리게 될 것 같다는 확신이 들었다.

낯 선　도 시 에 서
올 린
두　번 의　기 도

나는 모태 신앙으로 태어났지만, 현재 '나 자신'에게 신실한 삶을 살고
있다. 하지만 불행하게도 나는 자신의 기도 하나 들어줄 수 없을 만큼
무력한 존재다. 그럴 때면 신에게 공을 넘겨볼까도 싶지만 누구에게 이
짐을 지울지 대상을 찾는 것이 여간 어려운 일이 아니다. 이런 내가 모
스크바에서 두 번이나 그것도 눈 감고 손까지 모아 기도를 했다니, 꽤나
다급하긴 했나 보다. 아니면 무엇인가 몹시도 간절했거나.

　모스크바 강변의 구세주 그리스도 대성당Храм Христа Спасителя, 그리고
포클로나야 언덕Поклонная гора의 성 게오르기야 예배당Храм Георгия Победон
осца이 바로 그 기도의 현장이었다. 아르바트 거리의 바흐탄고프 국립 극

장 앞의 황금빛 투란도트 공주의 분수를 기점으로 무모한 우회전을 감행한 내게 환청 비슷한 것이 들렸다.

"저, 그만두겠습니다."

나는 여전히 무모했던 그날의 김 대리에 머물러 있었다.

 이름 모를 골목길은 꽤 긴 시간 동안 굽이굽이 이어졌다. 생각해보면 목적지 없이 걷는 길이니, 오래도록 이어지는 것은 당연한 일이다. 번화가인 아르바트와 달리 고요했고 평화로운 분위기의 주택가였다. 십 몇 세기 건축 양식의 건물이며 스탈린 시스터즈도 없었지만 건물 앞 눈을 쓸어내는 사람과 게시판 위에 남겨진 색색의 종이 뗀 흔적들이 모처럼 이곳이 '사람 사는 곳'이라는 사실을 느끼게 해줬다. 나는 그날 산책한 곳을 '모스크바에서 가장 좁은 길'로 기억하고 있다. 아마 그 성당을 보지 못했다면 그대로 모스크바를 벗어날 때까지 걸었을지도 모르겠다.

 구름과 폭설 사이에서 보호색을 띤 듯 흰 외벽 때문에 구세주 그리스도 대성당의 존재는 불과 수십 미터를 앞두고서야 겨우 알 수 있었다. 난데없이 나타나 단숨에 시선을 가득 채운 덕에 그 장면은 내가 모스크바에서 만난 장면 중 열 손가락 안에 꼽을 정도로 강렬하게 남아 있다. 폭설 속에서 실루엣으로 먼저 각인된 순백의 대성당을 보며 미술에 문외한인 내가 '콩테'라는 단어를 떠올린 것은 지금까지도 이해할 수 없는 일이다. 중학생 시절 미술 과목 전교 꼴찌 경험이 있는 내 머릿속의 대체 어디에 이런 고급 단어가 놓여 있었는지. 새하얀 캔버스 위에 대강 형태를 그려 놓고 손으로 쓱쓱 문지른 듯한 풍경을 보며 그림 잘 그리는 이들이 갑자기 부러워졌다.

　높이 105미터로 '세계에서 가장 높은 동방 정교회 성당'인 구세주 그리스도 대성당 안에서 나는 첫 번째 기도를 올렸다. 실은 내부 사진 촬영이 금지되어 있어 특별히 할 일이 없었던 탓이 크지만, 러시아 최고의 대성당 내부에 흐르는 경건한 분위기에 잠시나마 교화된 것 같기도 하다. 모스크바에서 가장 아쉬웠던 것 중 하나로 구세주 그리스도 대성당 내부 사진을 찍지 못한 것을 꼽을 정도로, 성당 내부는 모스크바에서 본 모든 건축물 중 가장 화려하고 호화로웠다. 나는 큰맘 먹고 빅맥보다 비싼 100루블짜리 초를 재단에 올려놓은 후 기도했다. 오랜만에 모은 손이 어색하고 감은 눈이 답답해서 그저 나와 가족의 건강, 성공적인 저녁 식사, 화창한 내일 날씨 정도를 이야기했던 것 같다. 높은 연봉의 새 직장을 빼먹은 것이 천추의 한이다. 생각나는 대로 바쁘게 나열하던 내 기도의 마지막 리스트는 '다시 이곳에 와서 기도할 수 있도록 해주세요'였다. 로마 트레비 분수 앞에서나 어울리는 진부한 기도였지만 그 순간만큼은 분명 진심이었다.

　두 번째 기도를 하러 가는 길은 첫 번째보다 훨씬 더 길고 험난했다. 유로피안 몰에서 늦은 점심을 먹고 나오는 길, 건너편 키옙스키 기차역 너머로 보이는 이른 일몰에 넋을 놓고 다가간 것이 발단, 새까만 눈구름과 지평선 사이로 마치 다른 세상으로 통하는 차원의 문 같은 하늘을 무작정 쫓아간 것이 전개라고 할 수 있었다. 가까이 다가가면 굉장한 그림이 나올 것이라는 확신이 들었지만 당연히 아무리 걸어도 거리는 좁혀

내가 그림을 좀 잘 그렸다면
이 장면만큼은 사진 말고 그림으로 갖고 싶은데 말이야.

지지 않았고, 그 풍경이 절정에 다다른 순간 300미터 가량을 뛰었지만 기어이 하늘은 닫혀버렸다. 주변이 꽤 어둑해졌다는 것을 뒤늦게 눈치 챈 것이 이 짧은 여행의 결말이었다.

아이폰의 구글맵 화면을 보고 꽤 멀리 나왔다는 것을 깨달았다. 1시 간쯤 지나 이제 그만 발걸음을 멈춰야겠다고 생각한 그곳이 제법 유명 한 포클로나야 언덕이었다. 이는 지나고 나서야 알게 된 행운이다. 언덕 중앙에 있는 전승 기념관Центральный музей Великой Отечественной войны을 배 경으로 하늘 높이 솟은 거대한 물체를 보기 위해 나는 있는 힘껏 고개를 젖혀야 했다. 마치 신이 경고의 뜻으로 꽂아두고 간 듯한 거대한 검 형상의 조형물이었다. 지금까지도 나는 그토록 고압적인 존재를 보지 못했다.

어떤 날보다 짙은 어둠이 내렸던 검은 밤, 포클로나야 언덕 내리막길에 외로이 서 있는 교회, 성 게오르기야 예배당은 그동안 보았던 대성당에 비해 무척 작았지만 남다른 힘으로 나를 이끌었다. 제자리에서 내부를 구석구석 볼 수 있을 만큼 좁은 예배당 안에는 경건한 표정으로 촛대를 정리하는 노부인 한 명과 이제 막 예배가 끝난 듯 묵직한 온기만이 남아 있었다. 나는 그곳이 아니면 영영 두 번째 기도를 할 수 없을 거란 생각으로 손을 모았다. 물론 첫 번째보다는 훨씬 고차원적인 것이었다.

"전에 기도한 것 잊지 말고 꼭 이뤄주세요."

그 이후에도 나는 종종 모스크바에서 목적지 없는 산책을 했고 그때마다 도시는 놀라운 발견 혹은 소소한 감동으로 화답했다. 오후 4시의 일몰, 설원 위의 낙타, 갤러리 뒤편의 그라피티 골목 등 흔들린 사진 한 장만으로도 나는 언제든 그 감정을 떠올릴 수 있다. 내가 가장 용감했던 순간의 기록이랄까. 아쉽게도 그날의 기도는 아직 응답이 오지 않았지만 말이다.

모 스 크 바 안 의
작 은 왕 국
이 즈 마 일 롭 스 키

이즈마일롭스키 시장 입구. 마치 팝업북을 펼쳐 놓은 듯한 몇 발짝 너머 풍경이 영 실감이 나지 않는다. 하긴, 보름 전까지만 해도 내겐 이 도시 전체가 비현실이었다.

그러고 보니 나는 사춘기가 지난 후에는 늘 또래보다 조금씩 늦었던 것 같다. 입대가 늦어 나보다 어린 고참들의 심부름을 해야 했고 복학 후에는 리포트와 중간, 기말고사 준비가 밀렸으며 취업 역시 더뎠다. 심지어 요 며칠 동안은 한국보다 6시간 늦은 하루를 보내고 있다.

나는 여행지의 전통시장을 좋아한다. 평범한 사람들이 쉴 새 없이 부

대끼는 시장 풍경에는 늘 사람 냄새가 진동하기 때문이다. '그 도시의 향이 가장 진하게 풍기는 곳', 모스크바에서 가장 오래된 전통시장 이즈마일롭스키 시장 역시 그런 곳이다. 원래는 주말에만 열리는 모스크바 외곽의 벼룩시장이었지만 최근에는 외국인 관광객을 위한 기념품 상점과 음식점이 다수를 차지하는 이즈마일롭스키 시장에선 대표적인 러시아 기념품인 마트료시카Матрёшка 인형과 털모자 샤프카Шапка를 시내보다 저렴하게 구매할 수 있다. 게다가 한국의 전통 시장처럼 흥정과 에누리도 가능하다는 점이 재미있다. 시끌벅적한 시장 옆에 위치한 나무로 만든 성 이즈마일로보 크레믈Кремль в Измайлово 역시 모스크바 여행의 필수 코스 중 하나로 손꼽힌다고 하니 여행을 마무리하기에 이보다 더 좋은 곳이 있을까 싶었다. 저 멀리 시장 입구가 보이기 시작했을 때까지만 해도 나는 그런 생각에 잔뜩 들떠 있었다.

하지만 그날은 목요일이었고 이즈마일롭스키 시장이 열리는 날은 수요일과 토요일 그리고 일요일이었다. 어제만 해도 이곳에 수많은 현지인과 관광객이 모여 남대문 시장 같은 떠들썩한 분위기를 냈을 것이다. 자욱한 샤실리크 굽는 연기와 흥정의 열기로 겨울마저 잊게 만드는 하루였을지도 모르겠다. 하지만 한바탕 공연이 끝난 직후의 무대가 그렇듯 오늘 이즈마일롭스키 시장은 곳곳이 텅 비어 있었을 뿐 아니라, 아무렇게나 놓인 의자며 녹슨 얼굴을 감출 길 없는 고철 공주 모형이 을씨년스러운 분위기를 자아냈다. 입구 근처의 몇몇 상점만이 선반에 전통 인형 마트료시카를 하나씩 올려놓으며 손님 맞을 채비를 하고 있었다. 황량한 시장 풍경 앞에서 선물 리스트를 적은 종이는 물론 마치 여행을

하루 앞둔 것마냥 설레던 맘까지 구겨 왼쪽 가슴팍 주머니에 넣어야만 했다.

1시간에 10년씩 나이를 먹는 듯 위태로워 보이는 이즈마일롭스키 시장에 더 있다가는 나까지 순식간에 늙어버릴 것 같아 두려워졌다. 발길을 돌려 나오려던 차에 나는 문득 궁금해졌다. 조금 전 팝업북 같던 풍경은 어디 있는 거지?

잠시 후, 이즈마일로보 크레믈 입구로 연결된 작은 다리 앞에서 나는 크게 심호흡을 했다.

'대체 넌 얼마나 더 나를 감동시킬 작정이냐.'

나무로 지었다는 크레믈(성)은 그 모양과 채색이 영락없이 종이 모빌을 떠오르게 했다. 이곳이 어딘가 익숙하게 느껴지는 것은 아마 어릴 적 이모 손을 잡고 갔던 놀이동산 때문일 거라고 생각했다. 과자로 지은 집 같은 모양이며 색종이에서나 볼 수 있을 법한 색으로 칠해진 건물들, 나는 이런 광경을 다른 곳에서 본적이 없었다. 때마침 펼쳐진 그림 같은 하늘을 배경으로 사진을 찍으며 나는 한국에 돌아가서 이곳을 '모스크바 안에 있는 작은 왕국'이라고 속일 계획을 세웠다.

이즈마일로보 크레믈 안에는 매우 옅지만 분명 봄 냄새가 났다. 겨울 도시에서는 처음 맡는 향이었다. 눈이 녹은 땅, 초록 잎 대신 색색의 자물쇠가 무성한 철제 나무, 유리창에 비친 하늘로 냄새를 맡아보려 코를 내밀었다. 잠시 후 턱시도와 웨딩드레스를 차려입은 남녀가 안으로 들어선 후에는 나는 굳이 킁킁대며 냄새를 찾지 않게 되었다. 그들이 지

나간 자리가 전보다 조금 더 밝아졌고 나는 왠지 이곳을 빠져나가기가 두려워졌다.

한동안 아니면 영원히 나에게 모스크바는 겨울 도시로 기억되겠지만, 이날 이즈마일로보 크레믈 안에서 희미하나마 봄을 보았다. 바닥에 쌓인 눈이 채 다 녹기 전에 풍기는 냄새 덕에 늘 뭐든지 조금씩 늦고 미루던 나는, 그 해 누구보다 서둘러 봄을 맞은 사람이 되었다. 빨리 돌아가 이 소식을 '넌 미루는 버릇이 있어'라고 하시던 어머니께 알려드리고 싶었다.

여전히 썰렁한 이즈마일롭스키 시장을 나서기 전 고민 끝에 휴일에도 문을 연 부지런한 가게 중 한 곳에서 검지 손가락만한 마트료시카 인형을 하나 구입했다. 300루블, 한화로 약 5,000원짜리 작은 인형이었다. 채색이 조악하고 열 때마다 삐걱삐걱 소리가 나는 중국제였지만 이 정도면 내가 이곳에 왔다는 것을 기념하기에는 부족하지도 과하지도 않겠다 싶었다. 게다가 모피를 두른 흰 수염 러시아 할아버지가 오늘 첫 손님이라며 흔쾌히 50루블을 깎아주셨다. 짧은 오후가 아직 조금 더 남았지만 나는 이만하면 되었다며 점심부터 먹기로 했다. 다시 어딘가로 떠나려면 든든히 먹어둬야 할 테니까.

3장
모스크바에서는
누구나
예술의 일부가
된다

마 음 은 미 래 에 살 고
현 재 는 언 제 나
슬 픈 법

삶이 그대를 속일지라도 슬퍼하거나 노하지 말라!

슬픈 날은 참고 견디라 기쁜 날이 오고야 말리니.

마음은 미래에 살고 현재는 한 없이 우울한 것

모든 것 하염없이 사라지나 지나가버린 것 그리움 되니.

Если жизнь тебя обманет, Не печалься, не сердись!

В день уныния смирись День веселья, верь, настанет.

Сердце в будущем живет Настоящее уныло.

Все мгновенно, все пройдет Что пройдет, то будет мило.

-러시아 대문호 알렉산드르 푸시킨

부끄럽게도 그가 러시아 사람이라는 것, 게다가 역사상 가장 존경받는 러시아인 중 한 명이라는 것을 이전에 알지 못했지만 '푸시킨'이라는 이름은 제법 많이 들어보았다. '삶이 그대를 속일지라도'로 시작하는 그의 대표 작품 역시 몇 구절이나마 떠듬떠듬 외우고 있다.

푸시킨은 러시아 근대 문학의 아버지로 불린다. 푸시킨 이전의 러시아 문학은 프랑스 등 유럽 감상주의 문학의 영향 아래 있었으나 그의 등장 이후 세계 문학의 중심으로 급부상했다. 시와 산문, 낭만주의와 사실주의를 넘나드는 그만의 표현 방식은 러시아 민족주의 사상과 맞물려 국민적인 존경을 받았고, 19세기 러시아 문학의 황금기를 열었다. 또 다른 소련의 대문호인 막심 고리키는 "시작의 시작"이란 말로 그에 대한 존경을 표했고, 소설가 이반 투르게네프 Иван Тургенев는 푸시킨 이후의 작가들은 그가 개척한 길을 따라갈 뿐이라고 말했다. 이후 러시아 문학을 세상에 알린 니콜라이 고골과 안톤 체호프, 그 유명한 표도르 도스토옙스키와 레프 톨스토이 Лев Толстой 역시 푸시킨이 없었다면 탄생할 수 없었을 지도 모른다.

푸시킨 사후 200년이 지난 현재까지도 그에 대한 러시아인의 자긍심은 그야말로 대단하다. 러시아 전역은 물론 모스크바 시내 곳곳에서도 그의 이름을 딴 박물관을 어렵지 않게 볼 수 있다. 아르바트 거리 한복판에 있는 비취색 저택도 그중 하나였다.

나는 문학이나 역사에 큰 관심이 있는 사람은 아니지만 사람과 도시에 얽힌 이야기를 듣는 것을 좋아한다. 소년 시절에는 고인돌을 보러 암사동에 가는 것을 좋아했고 요즘은 서촌에 있는 박노수 화백 생가를 종

종 찾는다. 100년 넘게 건축 중이라는 바르셀로나의 사그라다 파밀리아 Sagrada Familia에 대한 이야기를 처음 들었을 때는 밤을 새워 안토니 가우디Antoni Gaud에 대한 글을 찾아보기도 했다. 구 아르바트 거리에 위치한 이 저택에 1831년 푸시킨이 그의 연인 나탈리아 곤차로바Наталия Гончарова와 신혼 생활을 하던 집이라는 이야기가 없었다면 그 문을 여는 일은 아마 없었을 것이다. 그들이 단 3개월만 이곳에 머물렀다는 이야기 역시 흥미를 끌기에 충분했다.

매표소 겸 기념품 상점인 별채에서 신발에 덧신을 씌우고 지하로 연결된 계단을 통해 생가 내부로 들어가는 경험은 사뭇 특별한 느낌을 선사했다. 오르막 계단에서 내가 기억하는 첫 번째 우리 집의 다락방을 떠올렸다. 어디에 숨겨져 있었는지조차 알 수 없는 오래된 그 설렘이 지금 느끼는 감정과 닮아 있었다.

신혼집이라는 설명이 무색할 정도로 거대한 저택은 방마다 다른 색으로 화려하게 칠해져 러시아 제국 귀족의 호화로운 생활을 과시했다. 생전에 푸시킨이 사용했다던 피아노와 탁자, 의자들이 잠시 집을 비운 이의 것처럼 말끔히 보존되어 있었고 벽은 그의 초상화와 작품들로 빈틈없이 채워져 있었다. 푸시킨의 친필 작업들을 유리 너머로 보며 나는 러시아어를 읽을 수 없다는 것이 처음으로 아쉬웠다.

미색 벽지 덕에 유난히 환해보이는 방에는 러시아 대문호를 한낱 사랑에 눈이 먼 청년으로 만든 나탈리아의 미모를 확인할 수 있었고, 복도에는 200여 년 전 모스크바의 모습을 엿볼 수 있는 크고 작은 그림들이 걸려 있었다. 나는 까치발을 하고 손바닥 크기의 그림을 들여다봤다. 어느새 나는 그들의 이야기에 흠뻑 빠져 있었다. 열여덟 나탈리아를 향한 서른한 살의 푸시킨의 열정에 가슴이 저릿했고 이 저택 곳곳에서 이뤄졌을 글 밖의 시간들을 조금 더 듣고 싶었다. 나탈리아의 외도와 불과 서른일곱 살에 맞이 하게 된 자신의 비극적인 죽음은 차라리 모르는 편이 나았을 것이라 생각했다. 연신 노트에 무언가를 옮겨 적는 아이의 손, 휴일을 함께 보내는 연인의 뒷모습, 노부인들의 열띤 대화에서 나는 시의 마지막 문장을 되뇌었다. 그들이 좋아하는 푸시킨의 시와 소설, 문장과 문구는 모두 다를 테지만 사람들은 그와 함께 고민하며 수백 년 전 미지에 대해 이야기하는 것을 몹시 즐거워했다. 언젠가 푸시킨이 말했

던 대로 그는 이미 사라졌지만 그리움이라는 형태로 남아 이곳에서 여전히 생명력을 유지하고 있었다.

나는 빨간색으로 벽을 칠한 방에서 건너편 녹색 공간을 바라보며 나를 사로잡았던 한 구절을 다시 곱씹었다. 내게 '마음이 머물고자 했던 미래', 그러므로 '슬플 수밖에 없었던 현재'와 결국 외면해버린 '기쁜 날'은 무엇이었을까. 문을 박차고 나왔던 그날의 내게, '절실했던 미래'가 실은 먼 과거이지는 않았을까.

비취색 건물에서 몇 발짝 옮겨 그들의 동상을 마주했다. 아르바트 거리에서 짧은 삶보다 긴 영원을 맞은 푸시킨과 나탈리아는 손을 잡지 않는 형상이었고, 그들의 손 사이에는 그들의 엇갈린 인연만큼의 거리가 있었다. 나는 언젠가 나와 세상, 혹은 미래 사이에 꼭 그만큼의 간극이 있는 것 같다며 한탄했던 기억을 떠올렸다.

요즘도 소공동을 지날 때면 종종 일부러 그의 동상 앞길을 골라 잠시 머무르곤 한다. 낯선 땅의 사람들은 눈길도 주지 않고, 모스크바에서는 그의 곁을 지키고 있던 나탈리아마저 없는 모습이 영 쓸쓸하지만 간간히 꽃 한두 송이가 놓여 있는 것을 볼 때면 그의 말이 다시 생각나 웃음이 터진다.

"마음은 미래에 살고, 현재는 언제나 슬픈 법"

슬픈 하루를 한 장 더 견뎠다.

참고 견디면 기어이 기쁜 날이 오고야 말 것이라는
당신의 그 말을 한 번 믿어보기로 했어요.

소 비 에 트 의
영 웅 ,
빅 토 르 초 이

"두 유 노 ^{Do you know} 강남스타일?"

물론 나는 모스크바에서 어느 누구에게도 이런 질문을 하지 않았다. 나는 국적 외에는 그와 아무런 공통점이 없는데다 '다дa(네)', '넷нет(아니오)'에 이어지는 어떤 대답에도 다음 대화를 이어나갈 자신이 없었기 때문이다.

그곳에서는 "나 역시 '그'의 이름을 알고 있다"라고 말하는 편이 훨씬 좋은 반응을 이끌어냈다. 여기서 말하는 '그'란 바로 불꽃같은 삶을 머물다 간 구소련의 영웅이자 그들의 영혼을 노래한 까레예츠, 빅토르 초이다. 빅토르 초이는 이 낯선 도시에서 내가 처음으로 만난 한국인

이었다. 그 만남은 미처 꽃 한 송이 준비하지 못할 만큼 갑작스럽게 찾아왔다.

아르바트 거리 끝자락에 있는 스몰렌스카야 역부터 반대쪽 끝에 위치한 아르바트스카야 역까지 걷다보면 좌우로 서너 개의 큰 갈림길이 있다. 대체로 나는 어느 쪽으로도 눈길을 주지 않는 편이었지만 그날 아침엔 유난히 따뜻한 햇살이 오른쪽 어깨에 내려 자연스레 시선을 돌릴 수밖에 없었다. 조금 전까지 몇 발짝 뒤에서 걷던 남녀 한 쌍이 시선을 잠시 막아섰다. 그 다음으로 내 눈앞에 펼쳐진 장면에 나는 순간 아찔함을 느꼈다. 몹시도 화려하고 또 지저분한 색의 벽, 짧은 골목에 퍼진 낯선 향기는 나를 당혹스럽게 만들었다.

곳곳이 허물어진 낡은 벽은 간신히 중심을 잡고 있는 듯했다. 어쩌면 언제부터 시작되었는지 모를 낙서들이 덕지덕지 덧대어져 이만한 두께가 된 것 같기도 했다. 그것은 내가 본 모스크바의 어떤 풍경보다 위태로워보였지만 곧 이곳이 빅토르 초이를 추모하기 위한 공간이라는 것을 알게 된 후엔 사뭇 달라보였다. 서로 다른 색으로 새겨진 글자가 유난히 환한 아침 햇살을 받아 반짝였고, 깨끗한 겨울 공기 덕에 하나하나 선명하게 보였다. 나는 반대쪽 벽에 등을 기대고 감히 그 깊이를 가늠해봤다.

한겨울 혹한 탓에 벽 앞에 모여든 사람은 많지 않지만 새까맣게 눈이 녹아 질척이는 바닥과 아직 눈이 쌓이지 않은 녹색 술병에서 그를 향한 사람들의 마음이 식지 않았음을 느낄 수 있었다. 내가 사진을 찍는 동안에도 족히 십여 명의 사람들이 찾아와 꽃을 놓거나 사진을 찍었다.

이윽고 용기 내서 벽에 가까이 다가갔을 때, 나는 알아볼 수 없는 글자들 속에 그려진 빅토르 초이의 눈동자를 마주했다.

그때였다. 그가 내게 물었다. '당신은 무언가에 이토록 열광한 적이 있었느냐'라고.

나는 낯선 창가에 앉아 낯선 하늘을 본다.

낯익은 별은 하나도 보이지 않아.

나 역시 모든 길들을 사방으로 떠돌았지만

돌아보면 발자국 하나 보이지 않네.

Я стжу и смотр в чужое небо из чужого окна

И не вижу не одной знакомой звезды

Я ходил по всем дорогам и туда и сюда

Обернулся-и не смог разглядеть следы.

　　　　　　　　　　　　　　　　－담배 한 갑Пачка сигарет, 빅토르 초이

　빨간 돌 벽 사이에 움푹 들어간 아마도 이 추모의 벽에서 제단쯤 되어 보이는 공간에는 꽃 몇 송이와 담배 수십 개비가 어지럽게 놓여 있었다. 이제 막 떠난 연인이 두고 간 노란 국화는 언제부터 이곳에 있었는지 모를 검붉게 시든 장미와 대비되어 묘한 감상을 불러일으켰다. 담배들은 길이며 굵기 모두 제각각이었지만 대부분 입을 대지 않은 새 것이었다. 생전에 그가 좋아했다던 것들이 여기 놓여 있었다. 이곳에 들어설 때 진동하던 향은 바로 이곳에서 나던 것이었다.

오늘 아침, 빅토르의 벽 앞에서 꽃과 담배 연기는 같은 향을 냈다.

1990년, 의문의 교통사고로 그가 38년의 짧은 생을 마감한 후 이미 20여 년이 훌쩍 지났지만 여전히 그를 그리워하는 이들의 입을 통해 그의 노래는 여전히 모스크바 곳곳에 흐르고 있었다. 가장 치열했던 순간 그들의 영혼을 위로했던 빅토르 초이는 어쩌면 그들에게 '단 한 명의 영웅'이었을지도 모른다. 그날 밤 나는 호텔에서 빅토르 초이에 대한 글을 읽으며 벽 앞에서 진동했던 향을 되짚었다. 나는 살면서 그토록 향기로운 담배 냄새를 맡아본 적이 없었다.

그날 낯선 도시는 내게 물었다. '나의 영웅'에 대해. 아무런 대답도 할 수 없었다. 한 번도 나의 영웅을 떠올려본 적이 없었기 때문이다. 벽에 걸린 빅토르 초이 사진을 보며 문득 그것이 부끄럽게 느껴졌다.

'오늘 나의 영웅은 누구로 할까?'

서울에 돌아온 후 나는 매일 한 명씩 영웅을 정해 하루를 보낸다. 존경하는 교수님을 종일 떠올리는 날이 있고 전날 밤새도록 읽은 책의 저자를 떠올리는 때도 있다. 어떤 날은 유명한 배경음악 'Extreme Ways'가 흘러나오는 순간 나를 전율하게 하는 제이슨 본을 영웅으로 삼기도 하고 다음 생은 없으니 엉망으로 살아야 한다며 너스레를 떠는 코미디언을 '오늘의 영웅'으로 삼기도 한다. 마치 '오늘의 게스트 혹은 초대석' 같은 구성이랄까. 그리고 모두가 그날 하루, 나를 채울 만큼의 힘은 부족함 없이 가지고 있었다.

아, 또 한 명 내가 모스크바에서 발견한 영웅이 있다. 바로 러시아 대통령 푸틴이다. 아르바트와 붉은 광장에서 그의 얼굴이 새겨진 티셔츠

온갖 종류의 푸틴들…

와 브로마이드, 아이폰 케이스를 보고 그의 인기를 실감했다. 이즈마일 롭스키 시장의 마트료시카에서 그의 얼굴을 발견했을 때 경악을 금할 수 없었다. 푸틴 안에 푸틴, 그 안에 또 푸틴이라니. 맙소사. 영웅은 역시 그들 자신의 몫이다.

칸 딘 스 키   그 리 고
샤 갈 의   혼 이
살 아   숨   쉬 는   거 리

바그너의 〈로엔그린Lohengrin〉을 들으며 '그'는 머리를 맞은 듯 깊은 감명을 받았다. 눈을 감으며 듣는 음악 속 악기의 소리와 진동에서 색과 선들을 발견했기 때문이다.

"음악은 그림이 될 수 있고 그림 역시 음악이 될 수 있다."

그의 그림은 점점 형태에 얽매이지 않는 추상화로 변했다. 20세기를 대표하는 바실리 칸딘스키의 대표적인 추상화 〈즉흥 19〉(1911)는 그렇게 탄생했다.

전기 공학을 전공한 내가 미술과 예술에 어렴풋이나마 관심을 갖기 시작한 계기는 호기심에 신청한 현대 미술 수업에서 알게 된 그의 이름

과 저서《점, 선, 면》(2004, 열화당) 때문이었다.

　모든 것의 시작이자 그 자체로 응축된 세계인 점과 그의 확장인 선, 그리고 이 모든 요소의 총합인 면. 알듯 말듯한 이 의미는 죽기 전에 내 것으로 만들 수 없을 확률이 높지만 그날 나는 분명 귀 뒤로 선명한 울림을 경험했다. 그 후 나는 분기에 한 번씩 갤러리를 찾고 현대 예술의 모호함에 대한 대화를 반기는 사람이 되었다.

　여행의 둘째 날, 모스크바 트레티야코프 미술관을 찾았다. 러시아에서 가장 중요한 미술관 중 하나로 손꼽히는 이 미술관은 1856년 모스크바의 상인 파벨 미하일로비치 트레티야코프 Павел Михайлович Третьяков 가 예술가들을 후원하며 소장한 작품들을 전시한 것에서 시작되었다고 한다. 예술에 대한 러시아인의 오랜 존경심은 이렇게 생각지도 못한 곳에서 나를 놀라게 한다. 1918년 국유화된 이후 국가적인 투자가 이어져 현재는 11세기부터 20세기의 작품 약 13만 점을 보유한 것으로 알려졌다. 모스크바 남부 라브루신스키 Лаврушинском 거리의 본관은 미술관의 대표적인 소장품을, 고리키 공원 건너편 야키만카 Якиманка에 위치한 신관은 20세기 이후의 작품을 전시하고 있다. 내가 칸딘스키를 찾아 신관을 찾은 이유가 바로 여기에 있다.

　미술관 내부에 들어서기가 무섭게 나는 전시실에서 전시실로, 또 전시실을 관리하는 러시아 노부인들의 성난 표정들 사이로 종종걸음을 놓았다. 걸음이 멈춘 건 매끈한 '레이싱 그린' 색상의 벽에 달린 그림 앞에 서였다. 내 키를 훌쩍 뛰어넘는 이 대작이 내가 가장 좋아하는 그의 작

품 〈구성 7〉(1913)이다.

가로 3미터, 세로 2미터의 거대한 그림은 앞과 옆에서 멈췄을 때, 지나쳤다 다시 돌아오며 감상할 때마다 다르게 보였다. 나는 오직 이 한 작품만을 위해 온 사람처럼 인쇄물과 컴퓨터 모니터에서 느낄 수 없던 칸딘스키의 표현을 만끽했다. 홀린 듯 가까이 다가가 샅샅이 살펴보며 채색과 캔버스의 질감에 사로잡혔고, 시야를 가득 채우는 작품의 고압적인 태도마저 매력적으로 느껴졌다. 평생을 기다린 록 밴드의 내한 공연을 직접 보게 된 사람들의 감격이 이런 느낌일까.

녹색 방안을 돌며 그 유명한 칸딘스키의 〈모스크바 1〉(1916)까지 감상하고 난 후에는 걸음도 마음도 한결 여유로워졌다. 그제야 조금 전 허겁

지겹 지나친 전시실들을 되돌아보며 이곳이 그동안 내가 가본 어떤 갤러리보다 근사하다는 것을 알게 되었다. 특히 그루지야 출신 화가 니코 피로스마니Niko Pirosmani의 작품이 전시된 방은 갤러리에 어울린다 생각해본 적 없는 깊은 파란색으로 꾸며져 이곳 사람들의 남다른 미적 감각에 낮은 탄성을 지르게 만들었다.

마르크 샤갈Marc Chagall의 작품으로 가득한 바다색 방은 낭만이, 설치미술 작품들 사이에 작품이 걸린 말레비치의 방에는 순백의 정적이 흘렀다. '전시실에 들어설 때마다 다른 시대 혹 다른 도시로 여행하는 듯한 즐거움도 트레티야코프의 매력이 아닐까, 마치 잘 차려진 뷔페식당처럼' 나는 이 말을 10분쯤 뒤 수첩에 적을 때까지 잊지 않기 위해 낮은 소리로 세 번 중얼댔다.

"이거, 김이야?" 하얀 캔버스에 검은색 사각형. 언젠가 카지미르 말레비치Казимир Малевич의 〈검은 사각형〉(1915)을 도록에서 처음 봤을 때 나는 농담 반 진담 반으로 이렇게 말했다. 하지만 갤러리의 분위기 때문인지 실제 작품에서 뿜어내는 아우라 때문인지 그날은 한참 동안 그 네모를 제법 진지하게 바라봤다. 검정 도료에 생긴 균열 너머로 무언가 굉장한 것이 보이는 것 같기도 했다. 가로세로 80센티미터의 사각형 안에서 이렇게 많은 것을 찾을 수 있다니, 그때보다 예술에 조금은 더 가까운 사람이 된 것 같아 혼자 괜히 으쓱해졌다.

전시실을 나서기 전 마지막으로 한 일은 샤갈의 낯익은 작품 〈도시 위에서〉(1918) 앞에서 우스꽝스러운 포즈로 기념사진을 찍는 것이었다. 기꺼이 사진을 찍어 주겠다며 다가온 미모의 러시아 여성이 있었기에 가능한 일이었다. 트레티야코프 미술관, 정확히 말해 바실리 칸딘스키의 작품들은 모스크바행 비행기 티켓을 구매한 후 만든 리스트의 두 번째 줄에 적힌 이름이었다. 미술과 사진에 관한 수업을 들으며 언젠가 직접 보고 싶었던 칸딘스키의 작품이 모스크바에 있다는 것을 알게 되었고, 대한항공 KE926편 비행기에서 그에 관한 다큐멘터리를 보았다. 그리고 모스크바 여행을 본격적으로 시작한 첫날인 1월 6일 트레티야코프 미술관을 찾았다. 그의 작품 '구성'과 '즉흥' 시리즈로 가득한 전시실을 돌며 나는 로엔그린을 상상했다.

저녁 7시, 로비에 맡겨 놓은 녹색 코트를 찾았다. 고개를 들어 돌아보니 이 넓은 미술관을 이제 10분의 1이나 보았을까 싶었다. 지난주 서울에서 여행 경비를 환전하며 낮은 루블 환율 덕에 부자가 된 기분이었지만, 일주일 뒤 트레티야코프 미술관에서 적어도 예술만은 사치스러울 만큼 누리고 사는 이들을 몹시 시샘할 수밖에 없었다. 그나마 꿈에 그리던 샤갈의 작품을 두 눈으로 직접 본 것으로 위안을 삼으며 미술관을 나서는 길, 복도 창 너머엔 여행 둘째 날이 까맣게 저문 지 오래였다. 텅 비다시피 한 미술관 1층에 또각또각 구두 소리가 요란하게 울렸다.

여행은 꿈이 될 수 있고,
꿈 역시 여행이 될 수 있다.

Happy Birthday,
ELVIS!
(생일 축하해요, 엘비스)

"ELVIS, Birth of the Legend(엘비스, 전설의 탄생)"

갤러리 정문에서 벌써 한참을 망설이고 있다. 지하철 폴얀카^{Полянка} 역에서 '섬처럼 생긴 늪'이라는 뜻의 볼로트나야^{Болотная} 광장 끝자락의 이 작은 갤러리에 도착하기 위해 족히 20분을 걸어야 했다. 그사이 어두워진 이 하루에 대한 보상으로라도 망설임 없이 들어서야 하겠지만 아무래도 전시 제목이 영 마음에 들지 않는다. 30분도 못 견디고 나올 것이 분명했다.

'모스크바에서 미국인 사진전이라니.'

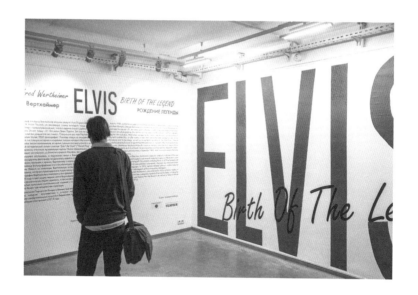

뤼미에르 갤러리Центр фотографии имени братьев Люмьер는 서울에서 본 어떤 책도 내게 일러준 적이 없는 곳이었다. 그저 어제저녁 지하철 안에 붙은 광고를 보았고 호텔에서 구글맵을 통해 위치를 찾았을 뿐이다.

전시실 입구에서 다시 "ELVIS, Birth of the Legend"라는 문구가 나를 맞았다. 1월 8일, 엘비스 프레슬리의 생일에 맞춰 그의 탄생 80주년을 기리는 사진전을 찾아온 한국인이라니. 누가보더라도 영락없이 이 날만을 기다린 사람이라고 생각할 것이다.

미국 팝 음악의 영웅 문화의 아이콘인 엘비스 프레슬리Elvis Presley의 사진들이 크지 않은 회색 공간을 밝히고 있었다. 대부분 흑백 사진으로 담긴 장면들은 그동안 대중에게 공개되지 않은 무대 뒤 혹은 휴일의 그의 모습을 담은 것이었다. 사진 속 엘비스의 모습은 특별하지 않았다. 옷을 갈아입고 식사를 하고, 소파에 누워 곤히 잠을 잤다. 손에는 마이크보다 전화기나 담배가 있을 때가 많았다. 소파에 누워 팬레터를 보는 장면 정도가 그가 평범한 청년이나 무명 가수가 아닌 당대 최고의 슈퍼스타라는 사실을 알려줬다. 하지만 굳이 가운데 있지 않아도 그는 모든 프레임 속에서 가장 먼저 눈에 띄는 존재였다. 게다가 그의 자신감 넘치는 표정과 몸짓은 금방이라도 움직일 듯 생동감이 넘쳤다.

'참 멋진 모델이다.' 혹시나 내 생각에 동조하는 이가 있지 않을까 하는 기대감에 주위를 둘러봤다. 많은 사람들이 그의 사진 앞에 머물며 웃음을 짓고 있었다. 성큼성큼 사진 몇 장을 건너뛰어 전시장 입구 건너편 끝에 있는 벤치에 앉았다. 엘비스를 감상하기에는 좋지 않지만 그를 찾아온 사람들을 구경하기에 더없이 좋은 위치였다.

'뤼미에르 갤러리, 엘비스 프레슬리, 사진전, 사진…. 나는 왜 이곳 모스크바까지 와서 사진 전시회를 찾아보고 있을까?'

그녀가 처음으로 울던 날, 그러니까 입을 맞추는 순간마저 내 사람임이 믿기지 않았던 그 사람이 떠난 금요일 밤 나는 방 정리를 하는 것이 좋겠다고 생각했다. 잠시 후 뱉은 가슴 메일 듯 긴 한숨이 출발 신호였다. 50리터짜리 쓰레기 종량제 봉투 두 장이 가득 차는 동안 나는 구석에서 중학생 시절의 독후감 노트와 전원이 들어오지 않는 폴더 휴대폰, 결국은 먹지 못한 밸런타인데이 초콜릿을 발견했다. 읽지 않은 책 수십 권을 버리기 위해서 빌라 입구에 있는 분리수거장을 몇 번이나 들락거

려야 했다. 다시 긴 한숨을 쉰 것은 일요일 오후 4시. 내 인생 첫 번째 이별 의식이었다.

그녀와 관련된 것들은 빨간색 나이키 운동화 상자를 꺼내 담았다. 버릴지 숨겨둘지는 한숨 자고 일어나 생각하기로 했다. 그리고 월요일 오후까지 이어진 긴 잠에서 깬 나는 10분간 짧게, 하지만 몹시 서럽게 울었다. 결국 그 작은 상자를 다 채우지 못했다. 그것이 그녀가 더는 내 인생에 없다는 것보다 몇 배는 더 아팠다. 그날부터 나는 사진을 찍기 시작했다. 벌써 10년 전의 일이다.

깜빡 졸음에 빠졌다는 것은 잠이 달아나 눈을 떴을 때 비로소 알게 된다. 여행 한복판에서 잠시 한가한 생각에 빠졌던 그날도 한바탕 그 시절을 돌이켜본 후에야 다시 갤러리를 둘러볼 여유가 생겼다. 다만 그 후로는 슈퍼스타의 일상보다 지금 나를 감싸고 있는 회색 공간에 더 큰 관심이 생겼다. 책에 없는 모스크바, 여행자 없는 갤러리 그리고 러시아가 없는 사진전. 잠시나마 여행을 잊게 도와준 내 기억 속의 '그들'과 그 속의 내 모습은 후에 이 여행을 이야기할 때 빼놓을 수 없는 키워드 중 하나가 되었다.

기어이 나는 1시간을 채우지 못하고 갤러리를 빠져나왔다. 러시아에서 보는 미국인 슈퍼스타의 사진, 그 아이러니에는 분명 묘한 긴장감이 있었지만 그게 끝이었다. 불행히도 내가 엘비스 프레슬리에 대해 아는 것은 그의 헤어스타일과 나팔바지뿐이었고 반복되는 그의 얼굴이 이내 따분해졌다. 차라리 빅토르 초이와 키노의 사진을 보고 싶어진 것을 보

고마워. 당신 대신 사랑할 것을 남겨줘서.

면 어느새 제법 모스크바 물이 들었나보다.

오후 5시, 겨울 도시에는 이미 밤이 내린 지 오래다. 500루블짜리 모스크바 야경 사진이 담긴 회색 비닐봉지가 걸을 때마다 바스락거린다. 그리 특별할 것 없으면서도, 이곳이 모스크바인 탓에 괜스레 정겨운 풍경이다. 제법 긴 '늪'을 빠져나오는 길엔 새까만 밤하늘 아래 홀로 빛나는 거대한 표트르 대제Пётр I Алексеевич의 동상이, 모스크바 강 위를 유유히 흐르는 유람선과 그 너머 신기루처럼 빛나는 구세주 그리스도 대성당이 나를 배웅했다. 그 장면에 반해 사진을 찍는 동안 나는 '키스' 같은 셔터 소리 때문에 라이카Leica를 사랑하게 되었다던 어느 포토그래퍼의 말이 떠올라 웃었다. 볼로트나야를 벗어나는 신호등 앞에서 멈춰 섰을 때, 찬 숨을 뱉으며 카메라 액정 화면을 보았다. 화면에 비친 형상이 마치 처음 보는 것처럼 낯설었다.

10년간 사진을 찍은 것이 무색하게도 사진과는 무관한 삶을 살고 있다. 앞으로도 내가 사진으로 밥을 먹고사는 일은 없을 것 같다. 하지만 그렇다고 사진을 찍는 것을 멈추지는 않을 것이다. 작가가 될 수 없다는 이유로 일기 쓰기를 그만두는 사람은 없으니까.

도 시   곳 곳 을
잇 는
지 붕   없 는   갤 러 리

그레이트 오션 로드를 걷기 위해 호주를 찾고, 두오모 대성당과 에펠 타워 앞에서 사진을 찍기 위해 피렌체 그리고 파리를 꿈꾼다. 여기서 '좋아요'는 덤이다. 내게는 시드니 오페라 하우스와 뉴욕 타임스퀘어에서 새해를 맞는 것을 인생 최고의 이벤트로 계획하는 친구가 있다. '버킷 리스트.' 언젠가부터 사람들은 목록을 적고 다시 지워 나가는 방식으로 마치 시장을 보듯 여행한다.

순서는 바뀌었지만 이곳에 온 후 '모스크바'에 대한 것들을 리스트로 적어봤다. 그리고 잠시 후, 이제부터라도 예술에 푹 빠지는 것이 좋겠다는 결론을 얻었다.

✓ 알렉산드르 푸시킨 〈삶이 그대를 속일지라도〉

✓ 표도르 도스토옙스키 〈죄와 벌〉

✓ 표트르 차이콥스키 〈호두까기 인형〉

✓ 바실리 칸딘스키 〈구성 7〉

✓ 볼쇼이 발레단 〈백조의 호수〉

　1만 킬로미터 떨어진 '딴 세상'에 사는 내가 단숨에 이만큼 꼽을 정도이니, 이것만 보아도 과거 예술로 세상을 호령했던 러시아의 금자탑이 얼마나 높은지 알 수 있다. 게다가 굳이 세계 3대 미술관 중 하나인 러시아 상트페테르부르크의 에르미타슈 미술관Государственный Эрмитаж에 가지 않더라도 모스크바에서 당대 최고의 문학가와 음악가, 화가들을 만날 수 있다. 실제로 나는 모스크바에서 그들의 이름을 딴 미술관과 박물관을 찾아 다양한 흔적을 보았다. 이곳이 아니면 만날 수 없는 것들이었다. 물론 이것 역시 극히 일부일 테지만.

　하지만 내가 이 겨울 도시를 떠올리며 '추위'보다 '예술'이란 단어를 먼저 떠올리는 진짜 이유는 예술에 대한 그들의 경외심 때문이다. 크림스키 발Крымском валу에 위치한 트레티야코프 미술관에서 나는 칸딘스키와 샤갈의 작품들에 감격했고 뒤이어 목발을 짚고 전시실의 그림 하나하나를 빠짐없이 감상하는 백발 노인의 열정에 다시 한 번 감탄했다. 그날 갤러리에 모인 사람들의 옷차림은 식사 후 차를 마시러 온 것처럼 가벼웠지만 그림을 감상하고 대화를 나누는 표정은 더없이 진지했다. 모스크바의 상징인 붉은 광장에서 걸어서 5분이면 갈 수 있는 거리에 세계

최고의 공연장인 '볼쇼이 극장'이 있는 것과 그곳을 중심으로 늘어선 오
페라와 콘서트 공연장, 편의점보다 공연 티켓 판매소가 흔한 거리의 풍
경은 결코 우연이 아니다.

　굳이 미술관과 박물관을 찾지 않아도 볼 수 있는 '지붕 없는 갤러리'
역시 모스크바 여행의 백미였다. 좀 근사하다 싶은 거리면 어김없이 영
웅 형상으로 빚은 동상이 서 있을 정도였으니까. 대표적인 번화가 아르
바트 거리에는 책과 그림 시장이 끝에서 끝으로 이어졌고 고리키 공원
과 예술가의 집ЦДХ을 연결하는 지하도에는 이름 모를 화가들의 작품이
걷는 방향마저 헛갈리게 했다. 전통적인 유화부터 수채화는 물론 일러
스트, 팝아트까지 그 폭이 매우 넓은 거리의 미술관은 혹한과 폭설로 빛
을 잃은 도시에서 잠시 겨울을 잊을 수 있는 곳이었을 뿐 아니라 얼마
간의 돈만 있다면 그 화려한 색 덩어리를 당장 호텔에 들고 갈 수도 있
었다. 그런 좋은 기회를 눈앞에 두고도 하필이면 모스크바 내셔널 호텔
Hotel national Moscow 벽에 걸린 멋진 풍경화가 몹시 탐이 난 것이 비극이라
면 비극이지만.

　"스포토그라피루이제 미냐Сфотографируйте меня(사진 찍어주세요)."
　좀처럼 먼저 다가오지 않는 러시아 사람들이 내 어깨에 걸린 커다란
사진기를 보고 말했다. 해시태그(#) 하나로 세계 어느 곳이든 여행할 수
있는 요즘에는 인종과 국적을 따지지 않지만 모스크바, 러시아 사람들
은 유독 뽀또그라삐야Фотография(사진)를 좋아했다. 붉은 광장 같은 관광
지에 있다 보면 아이들과 여성들이 유독 자주 다가왔는데, 귀찮은 생각

예술을 사랑한 사람들,
기꺼이 그 일부가 된다.

이 들다가도 프레임 속 장면을 보면 금방 생각이 바뀐다. 거리 위에 선 그들의 자태가 썩 마음에 들어 거절할 수가 없다.

그래 나도 너처럼 생겼으면 매일 사진을 찍겠지, '좋아요'도 좀 벌고.

그 후 광장이며 백화점, 거리에서는 러시아 건축 양식의 건물을 배경 삼아 밤낮으로 사진을 찍는 이들의 뒷모습이, 아르바트의 밤엔 영하 20여 도의 혹한에도 캔버스를 사이에 두고 초상화를 그리는 화가와 사람들의 실루엣이, 족히 예닐곱 개나 이어져 연출한 장관이 눈에 띄었다. 거리의 그림보다 도시와 사람이 연출하는 장면에 빠져 든 순간, 어떻게 알았는지 러시아 노부인이 다가와 손짓과 짧은 영어로 더 좋은 포토 존을 일러줬다. 나는 그 장면을 파인더에 담으며 확신했다. 사진에 대한 이들의 열정은 '예술이 되고 싶은 바람'에서 시작된 것이라고.

여행 후반, 내게 통 크게 '백지 하루'를 선사하던 날의 마무리는 이름 모를 거리에서 발견한 모스크바 국립 동양 박물관The State Museum of Oriental Art에서 이뤄졌다. 관람 시간이 30분 남았다는 말에도 아랑곳하지 않았던 것과 서울에서 흔히 볼 수 있는 동양화와 도자기, 전통 의복들에도 감격할 수 있었던 것은 어느새 나도 그들만큼은 아니어도 제법 '뜨거워 졌기' 때문이 아니었을까?

모 스 크 비 치 ,
살 얼 음   같 은
사 람 들

'모스크바? 모스크비치!'

뉴욕에는 뉴요커New yorker, 파리에는 파리지엔느Parisienne가 있듯 모스크바에는 모스크비치Moscvici가 있다. 서울 시민을 부르는 말을 찾아보니 서울라이트Seoulite라고 한다. '화려함' 혹은 '낭만'이라는 수식어로 대표되는 뉴요커와 파리지엔느의 라이프스타일은 세계인의 부러움을 사지만 그와 달리 모스크바 시민, 모스크비치의 라이프스타일에 대해서는 알려진 바가 없다. 사실 누구도 그리 알고 싶어 하지 않아서일 확률이 높지만.

반면 모스크비치 그리고 러시아인들에 대한 선입견은 누구나 몇 가지

씩 가지고 있다. 무뚝뚝한 표정, 거친 억양의 언어, 강한 자존심과 불같은 성격 등 주로 부정적인 것들로. 생각해보자, 우리는 최근에도 '불곰국'이란 단어를 모니터와 스마트폰 화면에서 본 적이 있을 것이다. 물론 러시아인에 대한 이런 인식은 비단 우리만의 이야기가 아니다. 현지에서 짧은 대화를 나눈 몇 명의 여행자 역시 이들이 겨울처럼 차갑고 러시아어보다 어렵다고 이야기했다. 재미있는 것은 당사자 그러니까 모스크바 사람들 역시 그 이야기를 알고 있고 심지어 '쿨'하게 인정한다는 것.

"맞아, 내가 왜 당신에게 웃어줘야 하는데?"

낯선 도시에 도착한 후 그들을 마주하며 알게 된 것은 언어가 비단 글자와 소리로만 이루어지는 것이 아니라는 것이다. 공항과 호텔 프런트

직원, 맥도날드와 스타벅스, 크고 작은 레스토랑과 카페의 점원들은 하나같이 무뚝뚝한 표정을 하고 있었다. 화가 난 것처럼 보이는 무표정 이상의 건조함. 낯선 이에게는 그것 역시 러시아어의 일부였다. 게다가 된소리와 거센소리가 유독 많은 러시아어는 종종 나쁜 말처럼 들렸다. 실제로 한동안 '쓰바씨바 Спасибо(고맙습니다)'나 '빠카 пока(안녕)'라는 말을 입으로 내뱉기까지 적잖이 머뭇거리곤 했다.

'살얼음 같은 사람들.' 그런 내가 돌아와서 모스크비치를 이런 간지러운 단어로 표현한 이유는 간단하다. 그저 적당한 단어가 없을까 생각하던 차에 문득 한여름에 들이키는 평양냉면 육수의 살얼음이 떠올랐다. 단숨에 들이켜면 그 맛도 모르고 차가움에 두통을 호소하지만 한 모금씩 천천히 음미하면 그 깊은 맛에 연신 입맛을 다시게 되는.

'그래, 바로 그런 사람들!' 몇 발짝 너머 그들은 분명 그 겨울만큼, 때로는 그보다 더 차가웠다. 대체로 주변의 일에 무관심했고 무표정한 얼굴로 연인, 가족과 대화를 나누었다. 지하철에 탈 때 새치기를 했고 걸음이 유독 빨랐다. 말 한마디 먼저 걸면 이내 면박이 날아올까 다가가기 어려웠던 것은 물론이다. 하지만 모든 여행이 그렇듯 주로 메뉴 주문이나 길 찾기 같은 몇몇 피치 못할 이유로 먼저 다가가야 하는 일이 생기기 마련이다.

"쁘라쓰찌쩨."

내가 먼저 말을 건넸을 때, 곧바로 이어진 그들의 반응을 보며 나는 이 말이 어떤 주문이 아닐까 생각했다. 예를 들면 '열려라 참깨' 같이 말이

다. 지하철이 가는 방향을 물으려던 내게 그녀는 놀라울 만큼 빠르게 빗
장을 풀고 부드러운 표정을 내보였다. 마치 손가락 끝이 닿은 부분을 중
심으로 살얼음이 동그랗게 녹아내리는 듯했다. 그 후에도 내가 만난 모
스크비치는 대부분 대화가 끝날 때까지 내 말에 귀를 기울였고, 러시아
어를 모르는 내게 너그러웠다. 물론 거짓 미소 한 번 짓지 않았다는 점
역시 한결같았다.

점점 그들만의 표현 방식에 익숙해졌다. 나와 어딘가 통하는 면이 있
는 것처럼 느껴졌고 더불어 그들에 대한 경계심도 눈 녹듯 증발해버렸
다. 후에 들은 바로는 러시아 사람들의 차가운 표정과 말투는 오랜시간
지속된 공산주의 체제의 잔재라고 한다. 실제로 내가 만난 모스크비치

들은 상대보다 먼저 웃는 것을 이해하지 못하거나 그런 자신의 모습이 바보 같이 보일 것이라고 생각했다. 물론 이런 경향은 소비에트 시대를 겪은 중장년층의 이야기로 젊은 청년들은 유로피안 못지않게 친근하게 다가오곤 했다.

문을 연 상점이 손에 꼽을 만큼 적었던 목요일의 이즈마일롭스키 시장에서 만난 세 명의 모스크비치가 그랬던 것처럼. 짧은 영어 단어 나열로 이뤄진 그들과의 대화는 바벨탑의 비극을 떠오르게 했지만 그들은 낯선 외국인과의 대화에 매우 적극적이었고 즐거워보였다. 이윽고 빅토르 초이에 대한 이야기가 나오자 그들은 박수를 치며 좋아했고 주머니에서 노키아 휴대폰을 꺼내 키노의 대표곡 '혈액형Группа крови'과 '여름이 지나가고 있어Кончится лето'를 함께 들었다. 춤과 몸부림 사이 어딘가에 놓아야 할지 모를 기괴한 몸짓과 함께.

유난히 밤하늘이 붉던 어느 날, 나는 모스크바 시 외곽에 위치한 보론초프 공원Воронцовский парк에 있었다. 여느 날과 다른 점이 있다면 나무로 만든 구름 계단 위에 누워 붉은 하늘을 바라보고 있었다는 것이다.

이곳을 찾기 위해 산책로와 숲을 겨우 구별할 수 있을 만큼 많은 눈이 쌓인 공원 끝자락, 흡사 성벽과 같은 건축물의 빛을 따라 달려왔다. 이윽고 눈 쌓인 나무 바닥에 가죽 부츠가 미끄러지는 순간 나는 직감했다. '뇌진탕은 막아야 한다.'

옷에 묻은 눈을 털던 손이 갑자기 세 배쯤 늘어났다는 생각이 들었을 때, 노부부의 존재를 발견했다. 근처에 사는 듯 비교적 가벼운 운동복과

점퍼 차림인 부부는 모스크비치 특유의 무표정으로 내 등이며 엉덩이에 묻은 눈을 끝까지 털어주셨다. 뜻을 알 수 없는 짧은 러시아어 몇 마디가 전부였지만 나는 그 억양에서 내가 살던 곳의 여느 할머니, 할아버지들과 같은 푸근함을 느꼈다.

"쓰바씨바, 쓰바씨-바아아."

두 번 반복한 것은 '발쇼예большое(매우)'라는 표현을 알기 전 내 유일한 강조법이었다.

모스크바에서 가장 흔하게 볼 수 있는 상점 중 하나는 꽃집이다. 꽃집을 지나갈 때마다 꽃을 사랑하는 사람은 결코 악할 수 없다는 누군가의 이야기를 떠올렸다. 아마 우리 어머니가 하셨던가. 내가 만난 모스크비치는 딱딱한 껍질 속 나와 다름없는 마음을 가진 사람들이었고 그들만의 친절에 매료된 후 낯선 도시와 여행을 담은 내 사진에 조금씩 그들이 등장하기 시작했다. 무엇보다 투박한 표정 너머에 있는 솔직함이 좋았다. 잘 웃지 않는 그들이 웃으면 진심으로 기쁜 것일테니까. 입술이 간지러우면 조만간 키스할 일이 생길 것이라며 기뻐하는 순수한 사람들, 어찌 이들을 미워할 수 있을까.

겨울을 잠시
잊게 한
미소

"네가 사는 곳의 밤하늘은 왜 붉은색이야?"

"그럼 어떤 색이어야 하는데?"

그녀는 불쑥 내 앞을 막아서고 물었다.

연꽃의 한 種과 같은 이름, 나의 열일곱 시절을 떠오르게 하는 미소 그리고 두 손으로도 다 감싸 쥘 수 없을 만큼 풍성한 머리칼을 가진 그녀에 대한 기억은 이제 이 정도만 남아 있다. 이상한 일이다. 다른 기억들은 시간이 지나도 그대로거나 오히려 더 또렷해지기도 하는데 그녀에 관한 것만은 생각할수록 점점 더 아득해지니 말이다.

"Hi(안녕)."

칸딘스키의 구성과 즉흥 사이를 겅중겅중 뛰놀 때까지만 해도 나는 분명 모스크바 트레티야코프 미술관에 푹 빠져 있었지만, 샤갈의 그림 앞에서 사진을 찍어주겠다며 그녀가 다가온 이후로 영락없이 어린아이가 되었다.

선명한 코발트블루 색의 벽이 20세기 표현주의 그림들과 의외로 기가 막힌 조화를 보인다는 생각과 작품 오른쪽에 붙은 작가의 이름들이 간간히 흥미를 끌었지만 이내 단체 견학에 끌려온 것 마냥 따분해졌다. 저마다 다른 색의 전시실을 둘러보며 마르크 샤갈과 니코 피로스마니, 카지미르 말레비치의 그림들을 보았고 알렉산드라 엑스테르Александра Экстер에 대해 알게 되었다. 하지만 사실 나는 내내 그녀의 뒷모습을 읽는 것에 더 큰 관심이 있었다. 100년 전 그림 속 작가가 남긴 알듯 말듯한 메시지, 막연한 철학보다 지금 내 앞에 있는 또렷한 그 형태가 더 좋았다. 그것만은 내가 보는 그대로 느낄 수 있었으니까.

풍성한 고동색 곱슬머리가 안개꽃다발처럼 걸음마다 살랑이고 민트색 스웨터가 갤러리 조명을 받아 반짝일 때마다 나는 조금씩 겨울을 잊었다. 그녀는 이따금씩 돌아보며 미소를 지었고 총총거리며 달려와 사진기 속 모습을 보며 고함과 탄성 사이의 소리를 냈다. 나는 그때마다 내 눈과 귀를 의심했다.

우리는 파르크쿨투리Парк культуры 역 앞의 베이커리 르 팽 코티디앵Le Pain Quotidien에서 저녁을 먹었다. 그녀의 이름을 들은 것도, 이곳 모스크바에 살고 있으며 오스트리아인 아버지와 러시아인 어머니 사이에서 태

어났다는 것 역시 그때 처음 알게 되었다. 그녀는 내 이름을 듣더니 발음하기 어려웠는지 혼잣말로 몇 번을 중얼거렸다. 그 모습이 제법 가슴을 두근거리게 했다. 모스크바 국립 대학교에서 동양학을 전공했다는 그녀는 몇 해 전 서울에 다녀온 이야기를 한참 동안 늘어놓았다. 나는 분명 우리가 인사동에서, 리움 미술관에서 스친 적이 있을 거라 화답했다.

"우리 내일도 만날 수 있을까?"

"Sure(물론)."

여행 세 번째 날 나는 아르바트에서, 성 바실리 대성당과 붉은 광장, 굼 백화점 앞에서 무척이나 긴 하루를 보냈다. 서울에서부터 꿈꿔온 것들을 모두 이루기 위해 걸음을 재촉한 탓도 있었지만 어느새 그것 못지않게 간절하게 마음 한 구석에 들어앉은 것이 있었다. 연신 시계를 보며 밤이 되기를 기다렸다. 작은 꽃집 몇 곳만이 불을 밝히던 스몰렌스카야 역의 저녁 8시. 어느새 태양보다 익숙해진 폭설 사이로 아직 생소한 실루엣이 다가오는 동안 나는 스무 살의 여름으로 돌아가 있었다. 한 사람을 제외하고는 세상이 마치 흑백 사진처럼 보였던 어느 날의 오후 3시를 떠올렸다. 그 때 안개꽃다발 같은 그녀의 머리칼이 내 쪽에서 부는 바람을 맞고 처음 만났던 그날처럼 찰랑였다.

작은 케이크 세 조각과 와인 한 병, 그리고 슈퍼마켓에 들러 절인 올리브와 토마토, 치즈를 샀다. 바게트는 가장 딱딱한 것으로 골라 담았다.

잎이 딸린 작은 나뭇가지를 넣어주던 폴 베이커리의 잉글리시 블랙퍼스트 티는 그날이 올해 가장 추운 날이라는 것마저 잊게 만들었다. 내겐 그 겨울 두 번째 성탄절이자 첫 번째 파티였다.

특별할 것 없는 이야기가 오고갔고 그사이 우리는 서로를 좀더 잘 알게 되었다. 화제는 주로 서로가 좋아하는 것들이었고, 혹 접점을 발견하면 곧 선처럼 이야기가 쭉 이어졌다. 색과 향, 차와 음식, 그림과 음악의 제목들이 그녀에 대해 귀띔해줬다. 그리고 나는 대화 속에서 내가 빨간색 스웨터가 잘 어울리는 사람이라는 것을 새롭게 알게 되었다. 이따금 우리가 파리나 빈, 프라하에서 만나면 생기게 될 일들을 말하고 또 들었지만 그녀와 나 어느 쪽도 그것이 현실이 될 것이라고는 생각하지 않는 눈치였다. 파티 내내 우리는 함께 샤데이Sade의 노래를 들었다. 그녀는 종종 후렴구를 따라 불렀다.

"난 네가 Sure라고 말하는 그 목소리가 좋아."

그녀가 탄 택시가 떠난 것을 보고 돌아서는 길, 나는 호텔 주변을 한 바퀴 돌며 내가 그동안 비웃던 그들의 말이 어쩌면 맞을 수도 있겠다는 생각을 했다. 방송에서 이야기했던 청춘이, 책이 이야기했던 기적이. 아마 내가 이 긴 여행 이야기를 시작할 수 있었던 것은 마지막 장을 맺을 즈음 이내 잊혀 질 당신의 흔적을 어딘가는 남겨두고 싶었던 것이 아니었을까.

'모스크바MOSCOW – 상트페테르부르크ST-PETERSBURG'

언젠가 내 인생을 책 한 권으로 엮을 날이 있다면
오늘 하루의 이야기는 두 페이지쯤 여유 있게 적고 싶다.

책상 위에 놓인 비행기 티켓은 서울에서 가져온 것이다. 빼곡히 글씨가 인쇄된 종이는 잠시 후 '부욱' 찢는 소리를 낸 뒤 주방 개수대 서랍 안에 있는 휴지통에 버려졌다. 굳이 그곳까지 걸어가 버린 이유는 혹 다시 꺼내 맞춰볼 수 없도록 하기 위함이었을 것이다. 이로써 붉은 화살 야간열차도, 네바 강 위로 빛나는 그 유명한 겨울 궁전의 야경도 다른 사람 이야기가 되었다. 10박 12일의 왕복 비행기 티켓을 끊었던 그날 밤, 한없이 막막했던 나를 위로했던 이름이 바로 상트페테르부르크였다. '성 바실리 대성당' 하나뿐이었던 내 여행은 이 도시를 알게 된 후 훨씬 풍성해졌다. 자정에 출발해 다음날 아침에 출발하는 기차 여행의 낭만으로 시작해 세계 3대 미술관 중 하나인 에르미타슈, '세상에, 이런 게 또 있어!'라는 탄성을 지르게 했던 성 바실리 대성당의 친동생 격이라 할 수 있는 피흘리신 구세주 교회Храм Спаса на Крови와 카잔 대성당Казанский собор의 매력에 빠진 나는 1월 10일부터 2박 3일간 상트페테르부르크, 그들 말로 '뻬쩨르' 여행 계획을 세웠다.

'이 젖과 꿀이 흐르는 여행을 포기하다니.'

곧바로 후회가 스멀스멀 고개를 들었지만 다시 휴지통을 들추는 일은 없었다. 아무래도 나는 그 사람을 좀더 보고 싶었다. 곧 전화를 걸었고 그녀는 특유의 목소리로 "Sure"라고 답했다. 내가 좋아하는 바로 그 억양이었다.

다음날, 키옙스카야의 유로피안 몰 2층에 있는 커피숍 컴퍼니coffeeshop company에서 그녀를 만났다. 그녀는 이 카페 주인의 고향이 아버지와 같은 오스트리아이며 커피 맛도 좋다고 했다. 그리고 하루에 한 끼를 샐러드로 해결하는 라이프 스타일에도 적합하다는 말을 덧붙였다. 그날 그녀는 '러시아 여성의 아름다움의 비결'을 이야기해줬는데, 20대 여성 중 상당수가 하루에 한 끼 정도를 먹으며 혹독한 다이어트를 한다는 것이 주된 내용이었다. 결혼 후 '정상적인 식사'와 출산이 이어지며 급격하게 건강해진다는 이야기를 들었을 때 나는 굼 백화점과 붉은 광장, 푸시킨의 신혼집에서 본 러시아 노부인들의 모습을 떠올렸다. 그날의 대화 역시 특별한 것은 없었다. 굳이 전과 달랐던 점을 꼽자면 '서로가 좋아하는 것'에서 '우리 그리고 우리의 도시가 다른 것'으로 주제가 바뀐 것이었달까.

아침 11시부터 저녁 8시, 내게 선물한 '백지' 하루를 종일 걸으며 보낸 날 니키츠키Никитский 거리 끝에 그녀가 있었다. "안녕"이라는 짧은 인사 대신 그녀는 보여줄 것이 있다며 내 손을 잡고 뛰었다. 시간이 얼마 남지 않았다면서.

세상에서 자신을 가장 사랑해준 할머니와 자주 왔던 곳, 그녀는 작은 카페를 그렇게 소개했다. 차를 마시는 동안 할머니에 대한 이야기를 들었고, 열다섯 살의 미소를 보았다. 일곱 살에서 시작한 그녀의 이야기는 제목을 알 수 없는 러시아 음악의 '페이드 아웃'에 맞춰 스물셋 언저리에서 천천히 흩어졌다.

"여행을 떠나고 싶어."

그녀가 말했다. 나는 함께 하겠다고 했다. 어디냐고 묻지 않았다. 천천

히 차를 세 모금쯤 마신 후 그녀는 싱긋 웃었다.

"다른 세상으로."

집에 바래다 달라는 그녀에게 흔쾌히 "Sure"라 답한 것은 마지막이라는 것을 예감했기 때문인지도 모른다. 그녀는 집 근처 공원 중간쯤에서 한 나무를 가리켰다. 10여 미터는 족히 넘는 커다란 나무가 홀로 우뚝 서 있었다.

"나와 같이 자란 나무야."

나무 앞에서 우리는 짧은 키스를 했다. 감은 눈꺼풀에 붉은 하늘이 비쳤다.

유독 철커덩거리는 모스크바의 낡은 지하철에 홀로 앉은 내 손에는 엽서 한 장이 들려 있었다. 카페에서 그녀가 이 엽서를 적는 동안 나는 테이블 위에 떨어진 머리칼을 보며 이 순간을 오랫동안 그리워할 것이라는 생각을 했다. 엽서 속 메시지는 굳이 해석할 것도 없는 짧은 한 문장이었지만 나는 텅 빈 지하철 안에서 그 획 하나하나를 눈으로 따라 그으며 내 안에 새겼다.

"그래, 나 역시 그렇게 되길 바래."

그해 겨울 모스크바 여행을 다녀온 후, 나는 운 좋게도 종종 낯선 도시를 여행하는 사람이 되었다. 그리고 종종 봄의 광장과 여름의 해변, 가을의 도시에서 안개꽃다발을 닮은 뒷모습을 보았다. 그때마다 나는 주변을 한 바퀴 크게 둘러보았다. 그녀가 말한 세상이 혹시 이곳이었을까 싶어서.

4장

붉은 밤의
도시에서
인생을
쓰다

메 뜨 로 와

도 시 의

시 차

'덜컹덜컹.'

'쌔애애애액.'

　운행을 시작한 이래로 80년간 모스크바의 지하철이 멈춘 건 제2차 세
계대전 중 독일군의 침략에 대비해 폭파 준비 명령이 내려졌던 1941년
10월 16일 단 하루뿐이었다고 한다. 쉴 새 없이 내지르는 소리를 들으니
아마 이 열차도 그 못지않은 시간을 쉬지 않고 달린 것 같다. 밤 11시가
넘은 시각, 객차 안에는 나와 러시아 남성 이렇게 둘 뿐이었다. '어디쯤
왔지' 하며 출입문 위 노선도를 보려던 차에 검은 굴이 훤히 보이도록 열
린 창문이 눈에 들어왔다. 순간 나도 모르게 '읍' 하고 숨을 참았다.

간혹 택시를 타기도 했지만 모스크바에서 나는 대부분 지하철 메뜨로 Метро를 타고 이동했다. 40루블의 저렴한 가격도 가격이지만 먼저 다녀 간 이들이 치켜세우던 화려한 역사가 더 큰 이유였다. 실제로 메뜨로는 매우 아름다웠다. 빨간색의 'M'이라는 표지판이 붙은 지하철 역사는 언제나 주변 건물들 사이에서 눈에 띄었고 트레이드 마크와도 같은 긴 에스컬레이터를 타고 내려가면 대리석과 벽화, 샹들리에로 호화롭게 꾸며진 내부에 탄성이 나왔다. 게다가 역마다 경쟁하듯 서로 다르게 지어진 모습이 각 전시실이 열차로 연결된 거대한 미술관을 연상시켰다. 열차가 한 정거장 지나갈 때마다 다른 건축 양식이 펼쳐졌고 그다음 역에는 근사한 동상이 서 있었다. 이 도시의 여느 여행자처럼 나도 메뜨로의 아름다움에 곧 빠져들었다.

'어쩌면 도시 전체를 왕궁으로 만드는 것이 스탈린의 꿈 아니었을까.'

아르바트스카야 역 중앙 통로의 대리석 의자에 앉아 바쁘게 교차하는 사람들의 궤적을 감상하며 나는 처음으로 이 도시에서 이삼 년쯤 살아보아도 좋겠다고 생각했다. 그쯤이면 굳이 찾아다니지 않아도 모스크바 전철역을 모두 볼 수 있을 테니까.

나는 아침과 저녁에 한 번, 그리고 중간에도 몇 번씩 매일 지하철을 탔다. 많은 날은 5회 이용권 두 장을 하루에 모두 쓰기도 했다. 목적지로 가는 동안에는 열차 안에서 주로 음악을 듣거나 수첩을 이어서 적었다. 아침에는 주로 날씨와 계획을, 저녁에는 오늘 하루 내 마음을 움직인 것들에 대해 적었다. 그사이 몇 줄은 지출한 경비 내역과 점심 메뉴에 대

한 불평, 서울에 돌아가면 해야 할 것들로 메워졌다. 대개 다 적기 전에 목적지에 도착하는 편이었는데, 그럴 때는 중앙 복도에 있는 대리석 벤치에 앉아 마무리했다.

물론 처음부터 이랬던 것은 아니다. 여행 둘째 날, 트레티야코프 미술관에 가기 위해 처음으로 모스크바 지하철을 탔을 때, 나는 열차 안에 있는 내내 아이폰 화면 속 한 칸짜리 안테나를 노려봐야 했다. 지하철 안에서 도통 휴대폰 신호가 잡히지 않았기 때문이다. 다음날도 나는 폴얀카 역에 도착할 때까지 액정 화면과 씨름했고, 이틀 후엔 빌라인 통신사의 3G 유심 카드를 구입했지만 결과는 마찬가지였다.

만약 2호선 홍대입구역, 3호선 양재역이나 4호선 명동역에서 휴대폰 신호가 잡히지 않는다면 포털 사이트에는 '속보'가 뜰 것이다. 내 기억 속에서 서울 사람들은 지하철 안에서 하나 같이 액정 화면을 보고 있었다. 하지만 내가 안테나와 신경전을 벌이는 동안 열차 안에 있는 사람들 중 나처럼 액정 화면을 들여다보는 이는 없었다. 이곳에서는 그게 그리 놀랄 일이 아니었다.

여행 넷째 날 밤, 열차 안에서 수첩을 꺼내 적기 시작했다. 그리고 그 후로 그들처럼 액정 화면을 보지 않게 되었다. 자판을 누르는 것보다 글씨를 쓰는 것이 턱없이 느리다는 생각을 한 이후로 펜 잡는 일은 '대단한 일'이 되었다. 그래서 열차 안에서 글씨를 쓰는 것은 모스크바라는 장소가 주는 의외성 이상의 특별함이 있었다. 구닥다리 열차 속에서 종이 위에 요리조리 잉크를 묻히다 보면 손이 쓰는 이야기와 머리가 하는 생각

이 달라지곤 한다.

손은 현재에 있는데 머리는 열다섯 언저리의 하루를 떠올린 날이 있었다. 열다섯 나의 기억 속 4호선은 그날의 모스크바 지하철처럼 낡고 덜컹거렸다. 열다섯의 나는 파란 의자에 난 엉덩이 자국에 맞춰 앉아 위로 넘기는 수첩을 채우곤 했다. 그 무렵 내 세상은 수유에서 동대문 운동장까지였다.

차창 밖 화려한 벽화가 사라지고 열차가 검은 동굴 속을 통과하며 '쌔애애액' 소리를 냈다. 나는 그 시절 쓰던 단어 몇 개를 수첩에 적었다. 덜컹덜컹 소리를 내면서 열차가 승강장에 멈추면 익숙한 단어들을 지웠다. 그리고 다시 소리가 나면 썼고, 덜컹덜컹 소리가 나면 지웠다를 반복했다. 열차는 세 번 더 '쌔애애액' 소리를 냈고 목적지인 키엡스카야역에 도착했을 때는 반가운 단어 2개가 남아 있었다. 나의 가장 친한 친구의 이름 그리고 '바다'였다. 그때 내가 가진 것 중 가장 귀한 것과 간절히 갖고 싶은 것 두 가지였다. 긴 에스컬레이터를 타고 다시 도시로 돌아가는 동안 나는 그 단어를 몇 번이고 되뇌었다. 족히 5분은 걸리는 긴 시간 동안 에스컬레이터 위의 연인들은 열렬히 키스를 하고 있었다.

아파트에 돌아오는 길에 유로피안 몰의 '리드 시티READ-CITY'라는 서점에 들러 편지지 한 묶음을 샀다. 오는 동안 눈물 나게 편지가 쓰고 싶어졌기 때문이다. 외투를 소파 위에 놓자마자 흰색 책상에 앉아 펜을 들었다. 받는 이도 안부 인사도 없이 써 내려가기 시작한 편지는, 마지막 말을 마무리하기까지 꽤 오랜 시간이 걸렸다.

사람들은 이곳의 아름다움을 이야기하지만, 내게 모스크바 메뜨로는 대리석과 샹들리에보다 탁한 공기와 답답한 냄새, 검은 동굴, 쇳소리로 기억되고 있다. 검은 동굴 안에서 나는 늘 같은 시간을 떠올렸고, 열차 속 시간은 그 시간에 멈춰 있는 것처럼 느껴졌다. 열차와 도시, 두 세계 사이에는 시차가 있었다. 열다섯 언저리를 떠올렸던 그날 밤, 내게는 대략 20년의 시차가 존재했다.

가끔은 끝이 접히지 않은 봉투에 빈 편지지를 넣어 편지라며 건네도 좋아.
네가 나를 위해 편지지와 봉투를 고른 시간을 받는 것만으로 충분하거든.

서 른 셋 즈 음 에 ,
모 스 크 바
강 에 서

모스크바 강에 놓인 다리 중 가장 눈에 띈 것은 단연 볼쇼이 카메니 다리Большой Каменный мост였다. 번역하면 돌로 만든 거대한 다리Big stone bridge 라는 뜻인데, 왕복 8차선에 달하는 규모며 매끈한 석재가 고풍스러운 맛은 없어도 제법 이름값을 한다. 물론 성 바실리 대성당, 붉은 광장과 직접 연결된 울리치 볼쇼이 모스크보레츠키 다리улица Большой Москворецкий мост가 이보다 몇 배는 유명하지만 나는 여기서 바라보는 크렘린의 모습이 좋았다. 아버지께서는 말씀하셨다, 장관일수록 떨어져서 봐야 한다고. 그 안에 있을 땐 제 아무리 장관이라도 알 수 없다고. 이게 당신이 말씀하신 그 정도 거리인 것 같다.

1시간 만에 뤼미에르 갤러리에서 나왔던 그날 다시 볼로트나야 광장을 빠져나오기까지는 제법 긴 시간이 걸렸다. 구세주 그리스도 대성당, 모스크바 강 유람선이 펼쳐 놓은 야경에 반해서 시간가는 줄 모르고 사진을 찍은 탓이다. 볼쇼이 카메니 다리에 오른 건 유난히 파랗던 밤하늘이 가장 진한 색을 내던 6시 무렵이었다. 좌우로 펼쳐진 모스크바 강과 도시의 풍경이 폭설을 헤치고 중간까지 걸어온 수고를 곧 잊게 만들었다.

 '여기가 이 다리의 중간쯤 될까. 내 시간도 아마 이쯤 서 있겠지.' 오른쪽 어깨너머 절정에 달한 코발트블루의 하늘 위로 은빛 조각들이 흩뿌려진다. 빠끔빠끔 빨갛고 파란별이 빛난다. 그 뒤로 펼쳐진 크렘린과 광장이 꼭 신기루 같다.

 "생각을 파는 사람이요."

 어린 시절 '무엇이 되고 싶냐'는 질문에 호기롭게 대답했지만 당시에는 그것이 구체적으로 무엇을 뜻하는지 몰랐다. 아마 어느 직업 하나를 콕 집어 장래희망으로 삼기에는 나머지 가능성이 너무 아깝다는 생각을 했던 것 같다. 선생님과는 몇 초간 서먹해졌지만 나는 내 대답이 그럴듯하다며 어깨를 으쓱했다. 그 후 스물여섯 살까지 그 문장은 현재 진행형이었지만 스물일곱부터 과거형으로 바뀌었고 서른이 되던 날 과거 완료형이 되었다.

 그래, 내게도 서른이 있었다. 그리고 적어도 SNS와 책에서 서른을 울부짖는 그들만큼은 울적했던 것 같다. 하필 그맘때 내가 어른이 되었다는 것을 뒷받침하는 증거들이 일제히 쏟아져 나왔다. 큰외삼촌에게나

어울리던 직급이 내 성 뒤에 붙었고 고모들은 부쩍 자주 내 나이를 물어보셨다. 몰라야 하는 것들이 생겼고, 모르는 척해야 하는 것들이 늘어났다. 별 일이 일어난 것은 아니지만 내게도 서른은 충분히 무거웠다.

그 무렵 트위터에 "또 하루 멀어져 간다"라고 남기면 몇 명의 '트친'이 일제히 "매일 이별하며 살고 있구나"라며 이어받았다. 그들은 서른을 노래하고 서른에 대한 책을 읽었다. 그 문장을 옮겨 적은 뒤 한숨을 쉬었다. 나는 그게 한탄이 아니라 안도 같아 보이는 것이 항상 이상하게 느껴졌다. '어쩌면 세상이 우리에게 서른을 강요하는 것이 아닐까'라고 물었다. 무릇 서른이란 우울하고 반드시 헤매고 있어야 한다고, 그렇게 받아들여야만 한다고 말이다.

"나는 서른의 당신이 좋아요."

서른이 되던 해 내가 사랑했고 나를 사랑했던 그녀는 그렇게 말했다. 이 말 한마디와 피아노 연주 한 곡을 함께 남겼다. 그날 이후 나는 김광석의 목소리에도 더 이상 서글프지 않은 서른이 되었다.

누군가는 모스크바 강을 건널 사람들을 위해 거대한 돌을 자르고 깎고 쌓아서 다리를 만들어 두었을 것이다. 생각해보면 나를 떠난 사람들도 어김없이 한두 개의 조각을 남겼고, 이것은 내가 삶이라는 강을 건널 수 있도록 다리가 되어줬다.

사진기를 들고 다니는 것과 얼 그레이 티를 주문하는 습관, 기차에서 피아노 연주곡을 듣는 고집은 물론 물건을 살 때 인터넷 최저가와 쿠폰을 검색하는 버릇까지 모두 내게 남겨진 조각들이었다. 이곳에서 만난 그녀는 샤데이의 음악을 한 아름 안겼다. 한동안 나는 그 조각들을 상자 위에 상자, 그 위에 또 상자를 덮어 가리려 했다. 그리고 내 머릿속 가장 깊숙한 곳에 있는 서랍에 숨겨뒀다. 이것을 서너 번 반복한 후에는 더는 넣을 공간이 없어졌고, 그제야 그 상자들을 다시 열어볼 용기가 생겼다. 요즘은 남겨진 그 조각들을 꽤 요긴하다며 내 것처럼 자랑하고 다닌다.

면접 탈락 후의 쓴 속을 15분 우려낸 진갈색 얼 그레이 티가 달랬고, 순천행 기차 안에서 피아노 연주를 내내 흥얼거렸다. 거대한 다리까지는 아니더라도 나는 종종 그들이 남긴 조각을 밟고 아슬아슬 다음 걸음을 내딛을 수 있었다.

처음 다리에 들어서며 계획했던 것과는 달리 볼쇼이 카메니 다리를 한 번 더 건너 다시 볼로트나야에 왔다. 첫 번째로 다리를 건널 때는 왼쪽에 구세주 그리스도 대성당이 보였고, 두 번째로 건널 때는 크렘린과 이반 대제 종탑ᴷᴼᴸᴼᴷᴼᴸᵬᴺᴬ ᴵᵛᴬᴺᴬ ᵛᴱᴸᴵᴷᴼᴳᴼ이 빛났다. 걷는 동안 나는 마포대교를 건너며 하나씩 들어오는 메시지를 읽고 간간히 사진을 찍던 여름과 가을 중간쯤의 어느 날 저녁 9시를 떠올랐다.

'잠깐 멈췄다 가도, 조금 휘청여도 괜찮아. 무엇보다 이 다리는 제법 널찍하고, 너는 늦더라도 이대로 쭉 건너갈 테니까.'

나는 서울에 돌아가면 서른셋이 제목인 책부터 찾아봐야겠다고 생각했다.

이별한 이가 남긴 노래 한 곡 없는 인생은
얼마나 비극적일지 상상도 할 수 없어.

모 스 크 바 ,
일 상 을 위 한
여 행 지

있는 힘껏 쥐어짜 이야기를 했음에도 이 이야기를 '여행기'라고 자신
있게 말할 수 없는 것은 그곳에서 내가 한 것이 '여행이었는가?'라는 질
문에 아직도 답을 하지 못했기 때문이다.

다시 그날의 합정역 플랫폼으로 돌아가 나를 낯선 도시 모스크바까지
날아오게 한 것은 무엇인지 생각해보면, 결국 이 여행의 시작은 성 바실
리 대성당이었다. 티켓을 구입한 후엔 아르바트와 붉은 광장, 굼, 트레
티야코프의 이름을 외웠다. 노보데비치와 볼로트나야, 고리키, 스몰렌
스카야와 키옙스카야는 이곳에 와서 알게 된 이름이다.

그리고 나는 이곳에서 '여행을 이뤄냈다.' 다시 생각해봐도 이 거창한

표현이 아깝지 않다. 꿈에 그리던 성 바실리 대성당을 만났고, 러시아에서 가장 아름다운 건축물인 굼 백화점과 노보데비치에 있었다. 매일 아르바트 거리를 걸을 수 있었던 것과 그곳에서 이뤄진 푸시킨과 빅토르 초이와의 만남도 충분히 '성취'에 비견될 만한 것이었다. 트레티야코프 미술관에서 칸딘스키의 〈구성 7〉을 보고는 눈물이 찔끔 나기도 했다.

계획하지 않은 여행에서만 얻을 수 있는 뜻밖의 놀라움도 있었다. 붉은 광장에서 나는 두 번째 크리스마스를 맞았고 그 유명한 쉐이크쉑에 두 번이나 갈 수 있었다. 또한 마네쥐나야 광장의 풍부한 감성과 엠게우에서의 약속을 가슴에 품은 것은 손에 꼽을 만한 행운이다.

무엇보다 수많은 길들, '이름 모를 영웅'들이 안겨준 이야기가 있었다. 그것이 집에 돌아올 때 내가 선물을 제대로 챙겨 오지 못한 것에 대한 궁색한 변명이었지만 그곳에서 경험했던 분에 넘치는 것들에 실제로 나는 얼떨떨했다.

하지만 내가 그곳에서 열이틀 내내 꿈꾼 것은 거창한 '여행'이 아닌 '생활'이었다. 그저 이곳 사람들처럼 살아보고 싶었다. 잠시나마, 그리고 쭉 그렇게 하기 위해 노력했다. 뭐, 내심 여행지의 기적을 꿈꿨는지도 모르지만.

여행이 시작된 후 내 하루는 주로 붉은 광장이나 아르바트 등 모스크바의 대표 관광지에 머물렀다. 하지만 만들어 온 '리스트'를 다 지운 후로는 책에 나와 있지 않는 곳을 찾았다. 외국인이 없는 식당과 작은 카페에서 되도록 많은 시간을 보냈고 러시아 전통 음식을 찾는 대신 마트

처음으로 무단횡단을 했을 때,
나는 내가 모스크비치가 된 것 같은 착각을 했다.

에서 장을 봐서 먹었다. 지금도 나는 박물관 위치, 입장권 가격보다 가격이 저렴한 마트의 이름을 잘 기억하고 있다. 돌아갈 날이 삼일쯤 남았던 어느 날, 러시아의 국부 레닌이 모셔진 레닌영묘나 모스크바 시의 모습이 가장 아름답게 보인다는 참새 언덕에 가는 대신 통 크게 내게 '백지' 하루를 선물했다. 그날 나는 오전 11시부터 저녁 8시까지 푸시킨스카야 인근 골목을 구석구석 걷기만 했다.

모스크바 여행을 하며 늘 궁금했다. 세계에서 네 번째로 큰 도시, 이렇게 볼거리 많은 땅에 왜 사람들이 여행을 안 올까? 답은 간단했다. 모스크바는 관광하기에 좋은 도시는 아니었다. 전통 음식을 먹는 즐거움이나 기념품 쇼핑 같은 재미는 찾아볼 수 없었다. 그저 모스크비치, 그들의 삶을 중심으로 돌아가는 도시였다. 게다가 나는 1월, 이 도시가 가장 차갑고 탁할 때 찾아온 불청객이었다. 심지어 유일한 만회의 기회였던 상트페테르부르크 여행마저 과감하게 '찢어 버렸'으니 여행의 혹독함은 더 말할 것도 없다.

하지만 그 덕에 그 도시에서 '사는 맛'을 알았다. 언어부터 문화, 사람, 음식 모든 것이 낯설었지만 놀랍게도 나는 내 생각보다 용감했다. 생각보다 덜 겁쟁이였다고 하자. 게다가 내 안 어디에 있었는지 모를 호기심이 넘쳐났고, 심지어 가끔씩 어른스러운 모습을 보이기도 했다. 여행 내내 걱정했던 미지와 나의 미숙함 모두가 이내 '별 것 아닌' 것이 되었으니까. 나는 그들의 언어는 알지 못했지만 그들의 억양과 제스처를 흉내 냈고, 마트에서 포장된 토마토 대신 직접 토마토 더미를 뒤져 골라 담았

다. 이윽고 그들이 내게 웃어줬고, 실제로 직접 고른 토마토가 더 맛이 있었다. 모스크바에서 나는 매일 밤 서울의 '김 대리'를 떠올렸다. '무소속'이란 어색한 옷을 입고 어딘가로 자꾸 피하려고만 했던 그를.

푸시킨스카야 주변을 9시간 동안 걸어 다니며 내가 한 것은 길의 냄새를 맡고 설렘을 즐긴 것, 그리고 그중 마음에 드는 것을 사진에 담은 것뿐이다. 그날의 사진을 보며 나는 '다시는 이런 사진을 찍을 수 없을 거야'라고 생각했다. 마치 내가 다시 다른 어딘가로 떠난다 하더라도 그만큼 뜨거워질 수 없는 것처럼.

도시는 차가웠고, 출발은 무모했다. 하지만 나는 뜨거웠고, 여행은 용감했다. 한겨울 미친 여행을 두려워하지 않았던 지난 열이틀처럼, 앞으로 내가 마주칠 일들에도 두려움을 버릴 수 있게 된 시간, 그것이 나의 모스크바 여행이었다. 그리고 나는 좀더 여행을 하고 싶어졌다.

여행은 평범한 색들이 특별한 캔버스에 흩뿌려져 완성되는 그림이다.

쉬 고　싶 어 서
떠 난 다 고
했 지 만

열이틀간의 모스크바 여행 동안 나는 두 곳의 숙소에서 지냈다. 스몰
렌스카야 역 근처의 골든 링 호텔에서 여섯 번, 키옙스카야에 있는 아파
트에서 네 번, 총 열 번의 밤을 보냈다. 특별히 두 곳을 경험하고 싶었던
것은 아니다. 때마침 골든 링 호텔의 주니어 스위트룸 할인 기간이 1월
10일까지였을 뿐이다.

골든 링 호텔에 머무는 동안 나는 여행을 했다. 붉은 광장과 노보데비
치 수도원에 갔고, 성 바실리 대성당과 굼 백화점을 직접 눈으로 봤다.
횡단보도 건너에 아르바트 거리가 있었고, 폴 베이커리와 쉐이크쉑, 맥
도날드가 있었다. 밤에는 러시아 외무성 건물을 보며 잠들었다.

키옙스카야의 아파트에 머무는 닷새는 생활을 즐겼다. 쇼핑몰 지하 마트에서 장을 보고 아침과 저녁 식사를 직접 만들어 먹었다. 오후에는 주로 갤러리에 가거나 공원에서 산책을 했다. 스타벅스 대신 카페 '푸시킨'에서 차를 마셨다. 아파트 정문 외에는 특별한 것이 보이지 않던 창문은 둘째 날부터는 열지 않았고 라디에이터 레버를 돌려 직접 실내 온도를 맞췄다. 텔레비전 대신 DVD를 보며 잠들었다.

하지만 큰 범주에서 두 곳은 큰 차이가 없었다. 돌아오면 대부분 같은 순서로 비슷한 일을 했고, 잠자리가 낯설기는 마찬가지였다. 굳이 꼽자면 주방이 있던 아파트가 좀더 편했지만, 골든 링 호텔 13층 객실에서는 러시아 외무성 건물의 야경을 볼 수 있었으니 무승부로 해두자.

왜 하필 모스크바를 가냐는 질문에 '쉬러 간다'라고 대답했다. 사실 나는 성 바실리 대성당에 갈 날을 손꼽아 기다리긴 했지만 그 후에는 쉴 계획이었다. 일상을 위한 일상을 벗어나고 싶었다. 아무리 까치발을 해도 보이지 않는 먼 도시, 재촉 받을 일 없는 6시간 느린 세상에서. 그러다 보면 내게도 기적이 일어나겠지, 누군가가 이야기했던 것처럼.

실제로 도시는 몹시 추웠지만 쉬기에는 더없이 좋은 곳이었다. 하루의 3분의 2가 밤이었으니까. 날씨는 추웠지만 호텔과 아파트는 화분 끝에 맺힌 꽃망울이 곧 터질 것처럼 따뜻했다. 하지만 나는 어찌된 일인지 서울에서보다 이곳에서 더 바쁘게 지냈다. 해야 할 일이 하루 간격으로 꾸준히 늘어났다. 점심과 저녁을 거르고 붉은 광장과 굼 백화점을 활보했고 모스크바 강의 석양을 쫓아 발걸음을 재촉했다. 그럴 때면 으레 호

텔을, 아파트를 떠올렸다. 마치 숙소에 가기 위해 11시간을 날아온 사람 같았다.

　매일 밤 아파트에 돌아와 무엇을 했는지 한마디로 정리하면 역시나 '쉬었다'고 해야겠지만 나는 사실 '침대'라고 이름 붙여진 인간용 충전 크래들 위에 누워 있는 네댓 시간을 제외하면 한 시도 쉬지 못했다. 옷 걸이에 옷을 걸고 젖은 신발을 세워 말렸다. 샤워를 한 후에는 전화 통화를 했고 잠들기 전까지 구글 검색을 했다. 샤프란을 넣은 알랑미와 익힌 채소 요리를 해 먹느라 밤 10시까지 씨름을 해야 했다. 나는 침대에 몸을 기대고 누워서 하루의 3분의 1가량을 충전하는 데 써야 겨우 정상 동작이 가능한 인간이 얼마나 비효율적인 존재인지 생각했다. 아이폰은 두어 시간 충전하면 하루 정도를 쓸 수 있는데 말이다.

　잠들기 전에는 콘서트 DVD 속 인파가 환호할 때마다 뒤척였다. 그때마다 왼쪽에서 오른쪽으로, 오른쪽에서 다시 왼쪽으로 돌아누우며 도돌이표처럼 똑같은 말을 되뇌었다.

　'나는 쉬러 왔는데. 쉬러 왔는데. 왜 쉬지 못하고 있지?'

　매번 전화를 끊으며 어머니가 하신 '쉬어라'라는 말씀이 실은 '이제 제발 좀 쉬어'라는 뜻이 아니었을까?

　'아, 돌아가면 좀 쉬어야겠어.'

쉬고 싶어서 여행을 간다고 했지만
그곳에서 내가 만든 리스트에 쫓겨 잠을 줄여야만 했으며
짐과 선물을 정리 하느라 녹초가 되었다.

나는 돌아온 후 잘 쉬고 왔다며 웃었고
당분간 좀 쉬어야겠다고 말했다.

겨 울   도 시 를
걷 다   보 면
알 게   되 는   것 들

─────────────

　여행은 때때로 길에 돈을 뿌리는 낭비나 한가로운 소리처럼 들린다. 하지만 책에 나오지 않는 곳에서 도시의 진짜 민낯과 마주하고 이윽고 '가야 하는 곳'이 아닌 '가고 싶어진 곳'을 걷다보면 여행 자체는 물론 떠나온 나도 부쩍 성숙해진다. 한겨울 미친 여행을 두려워하지 않았던 지난 열이틀처럼, 앞으로 내게 다가올 것에도 무모해질 수 있게 된 것. 그것이 나의 모스크바 여행이었다.

　얼굴 아는 이 하나 없는 모스크바로 11시간을 건너와 가장 먼저 한 일은 당연하게도 낯선 길에 나를 던져놓는 것이었다. 자의건 타의건 그래야만 했다. 당연히 도시의 모든 길은 처음이었고 혹 사진에 보았던 것들

도 실제로 그 길 위에 서보면 또 달랐다.

그렇게 스스로를 던져놓은 후엔 방향도 목적지도 알 수 없는 이 곧고 막막한 풍경 앞에서 내가 어떤 생각을 하고 어떻게 행동하는지 가만히 지켜봤다. 길게는 하루 단위였고 짧게는 몇 분에 한 번씩 그렇게 지켜봤다. 굳이 여행을 떠나지 않더라도 집에서 버스로 몇 정거장만 가도 낯선 길이 널렸지만 서울 그리고 한국의 길들은 '낯섦'과는 거리가 멀다. 풍경, 사람, 공기와 소리 어느 것 하나 낯설지 않은 것이 없는 이 도시가 좋은 시험대였다.

길에서는 축제가 열렸다. 아이들이 썰매를 타고 놀았다. 벽면 가득 소녀 그림이 그려진 골목이 있었는가 하면 불 켜진 상점과 음식점 사이로 사람 한 명 없던 이상한 길도 있었다. 건물들은 색이나 모양 중 어느 것 하나는 꼭 달랐고 곁에 나무가 있거나 없거나 했다. 나는 측량사라도 된 듯 골목에 들어설 때마다 그것들을 세심하게 사진에 담았다.

길 위에서 나는 주체할 수 없을 만큼 설렜다. 경치며 건물에 마음을 빼앗겼고 저 너머 대성당을 보고는 소리를 질렀다. 어떤 골목에선 가슴이 철렁 내려앉고 꽉 막힌 듯 먹먹해졌다. 그 길 위로 이제 다시 볼 수 없는 풍경들이 비쳤기 때문이다. 휘파람 한 곡을 다 불 때까지 나가기 싫었던 길도, 손가락 끝으로 눈물을 밀어내고 나서야 겨우 빠져나온 길도 있었다. 아쉽게도 그 길을 모두 기억할 수는 없지만, 똑같은 길은 하나도 없었다. 하지만 그 감정들은 모두 간직하고 있다, 한결같이 다른 떨림이 있었으니까. 한동안 나는 해가 뜨기 전 호텔을 나서 낯선 골목이 보일 때마다 파고들었다. 그리고 그 길만의 냄새를 맡고 새로운 떨림을 즐겼다. 마치 하루라도 빨리 더 많은 친구를 사귀고 싶던 어린 시절의 새 학기처럼 분주했다. 그 후엔 이 길을 먼저 다녀간 이들과 대화를 했다. 질문이기도 했고 고백 혹은 한탄이기도 했다. 빅토르 초이의 벽 앞에서 깨진 벽돌과 벗겨진 페인트, 시든 꽃, 빛바랜 담배를 통해 그들의 이야기를 들었고 노보데비치 수도원을 나서는 길에 놓인 공기 빠진 보라색 풍선을 위로하기도 했다. 모든 길들은 처음이었지만 그중 어떤 것도 새 것은 없기에 늘 이야깃거리가 넘쳐났다. 노래 한 곡보다 먼저 끝나버린 트베르스카야 Тверская 거리의 이야기는 1년을 퍼낸 지금도 쉬 바닥이 보이지 않는다.

귀국을 하루 앞둔 여행 막바지의 점심식사. 나는 일주일 만에 아르바트의 쉐이크쉑을 다시 찾아 입 안 가득 햄버거를 물고 루트 비어를 마시며 여행 수첩을 보았다. 패티가 두 장 들어간 쉑더블 Shack double 보다 지난번 슈룸 Shroom 이 100배쯤 낫다는 생각을 하면서 지난 수첩을 넘겨보다 두 장쯤 남기고 잠시 멈췄다.

수첩을 덮고 남은 햄버거를 입에 구겨 넣었다. 반쯤 남은 루트 비어는 들고나가기로 했다. 도시 곳곳에 떨어진 떨림을 조금이라도 더 주워 담기 위함이다. 이게 내 방식의 여행이다. 낯선 길에 들어서는 것은 마치 큰 선물 상자를 열어 그 안에 있는 것들을 하나씩 꺼내보는 것과 같다. 열어보기 전에는 알 수 없지만 그 안엔 틀림없이 무엇인가 들어 있으며, 원하던 원치 않던 내 것이 된다. 그날 이후 내게 여행은 낯선 도시가 아닌 낯선 길에 나를 던져놓는 것이 되었다.

이곳에 와서 알았다,
나는 낯선 길을 걸을 때 가장 큰 행복을 느끼는 사람이란 걸.

모스크바에 도착한 첫 날, 벨로루스카야Белорусская 역 플랫폼에는 눈이 쌓여 있었다. 바람에서 차가운 냄새가 났고 숨을 들이켤 때마다 작은 눈 조각 맛이 났다. 술 생각이 났다. 반쯤 비운 미지근한 소주 생각이 났다. 도시에 하루와 하루의 경계 없이 눈이 내렸다. 금방 봄이 오기라도 할 것마냥 파랗다가도 곧 폭설이 쏟아졌다. 나는 붉은 광장과 마네쥐나야 광장에 서서 눈을 맞았고, 어깨를 털어 가며 아르바트 거리와 페이트리야키 다리를 건넜다. 노보데비치와 고리키에서 눈이 그치기를 기다렸다. 그사이 초록색 울 코트는 눈을 흠뻑 머금었고 검정 가죽 부츠는 자꾸만 무거워졌다. 젖은 수첩은 펜촉이 닿자마자 울음을 터뜨리듯 물기가 배어나왔다. 하지만 그럼에도 그곳에서 나는 한 번도 우산을 쓰지 않았다.

체레무쉬키Черемушки 어딘가 이름 모를 골목, 예고 없이 눈이 떨어지기 시작하자 자연스레 고개가 숙여졌다. 머리와 어깨에 쌓인 눈은 무겁지 않았지만 금세 희미해진 도시를 바라보는 것이 버거워졌다. 눈은 이내 폭설이 되어 시야를 가렸고 이따금씩 미끄러지게 만들었다. 발끝을 보며 걷는 동안 세상에서 가장 많은 사람이 산다는 도시는 거짓말처럼 텅 비어 있었다. 처음 느끼는 외로움이 혀 안쪽에 고여 쓴 맛을 냈다.

엄마의 감자채 볶음, 반쯤 뒤로 기운 책상 의자, 파란 자전거의 꺼칠한 가죽 핸들, 연남동 파출소 앞 놀이터와 지금은 없어진 여의나루 네 번째 나무 벤치. 냉정과 열정사이 OST 그리고 새벽 1시 55분.

낯선 감정 앞에서 의지가 되는 것은 보통 익숙하거나 그리운 것들이다. 한 걸음에 하나씩, 생각이 나지 않으면 잠시 멈추면 된다. 이내 입

안에 쓴 맛은 가셨지만 길 너머 풍경은 어째 점점 더 까마득해진다. 물론 그보다 더 끔찍한 것은 골목 중간쯤 이르렀을 때 더는 부를 것이 남아 있지 않았다는 사실이지만.

"언제쯤 눈이 그칠까?"
내 마음속 '그'의 첫마디이자 나의 첫마디였다. 이 도시만큼 낯선 대화는 그렇게 시작되었다. 내 안의 작은 목소리에도 가슴 두근거리는 경험은 텅 빈 거리의 몇 안 되는 특권 중 하나라는 발견과 함께. 잠시 후 골목을 나서는 나는 어느새 수다쟁이가 되어 있었다.
"오늘 기분은 어때?"
"괜찮아, 이제 시차 적응이 된 것 같아."
"공원은 여기서 10분쯤 더 가면 된대."
"금방이네."
"저녁은 뭘 먹을까?"
"글쎄, 나도 초행이라 말이지."
"내일은 한 번 더 마네쥐나야에 가자."
"어제도 한참 동안 가만히 앉아만 있다가 왔잖아."
그날 이후 폭설이 하늘을 가릴 때마다 '그'와의 대화가 시작되었다. 알듯 말듯한 그와의 대화는 무척 흥미로웠던 데다 외로움을 느낄 틈을 주지 않았다. 눈은 쉬지 않고 내리며 도시를 베일 뒤로 감췄지만, 더는 젖은 코트와 구두의 무게를 불평하지 않게 되었다.
좀처럼 눈이 그치지 않는 날엔 대화도 한없이 길어진다. 그러다 보면 어김없이 지난날의 이야기를 하게 된다. 그의 물음을 받을 때마다 기억이라는 것이 분명 좁고 깊은 호수 같은 형태일 것이라고 생각했다. 잠겨 있던 시간에 따라 다른 것들이 보이니까.

"도망치고 싶었던 거야?"

이 질문에 답을 하기까진 생각보다 많은 시간이 필요했다. 공교롭게도 다음날부터 이틀 동안 모스크바에는 눈이 오지 않았다. 키옙스카야에서 40분 거리인 러시아 박람회장 베데엔하 입구에 도착했을 때 다시 폭설이 쏟아졌다. 그 유명한 '모스크바-580' 대관람차가 이제 막 보이려다 황급히 눈이 만든 베일 뒤로 숨었다. 이틀 만에 내린 눈은 다른 날보다 더 세차게 흩날렸고 머리와 코트는 이미 반쯤 젖어 있었다. 나는 여전히 우산을 쓰지 않았지만 박람회장 입구에 들어서는 걸음은 점점 가벼워졌다.

누군가 그랬다. 여행에서 알게 되는 건 결국 '나 자신'이라고. 하지만 그가 일러주지 않은 것이 있다. 그저 떠나는 것만으로는 아무것도 알 수 없다는 것, 그리고 그곳에서 끊임없이 스스로 묻고 답한 후에야 알 수 있다는 것.

'이전보다 나를 조금 더 알게 되었어.' 낯선 도시에서 돌아와 이렇게 말할 수 있게 되기까지는 흩날리는 눈 속에서 스스로에게 던진 수백 번의 질문과 답이 있었다. 멈추지 않던 폭설, 그 안에서 시작된 낯설기만 했던 나 자신과의 대화. 이것이 이 여행의 가장 빛나는 순간이 아니었을까.

비가 내리기 시작하면 사람들은 멈춰 서서 손바닥을 내민다.
이마 언저리에 빗방울이 떨어지길 기다렸다가 우산을 꺼내 편다.

지난밤부터 내리는 눈 사이로 사람들은 고개를 숙이고 걷는다.
어깨 위 소복이 쌓였지만 어디에도 우산은 보이지 않는다.
사람들은 유독 눈에 너그럽다.

저녁 6시,
키엡스키 기차역의
이별 공식

1월 14일 오후 6시, 키엡스키 기차역에 갔다. 내가 아는 한 이 도시에서 만남과 이별이 가장 흔한 곳이었다. 이곳이라면 능숙하게 이별하는 것이 가능할 것 같았다. 오후에는 성 바실리 대성당에 다녀왔다. '내게 이 여행을 선물해줘서 고마워'라던가 '꼭 다시 만나' 같은 감상적인 인사는 없었다. 그 후엔 아르바트스카야를 출발해 스몰렌스카야까지 걸었다. 그러고 보면 나는 늘 스몰렌스카야에서 출발했었다.

기차 여행을 고집하는 이는 내게 이렇게 말했다. 기차역에 반했던 그 '하루'가 없었다면 여행을 시작하지 않았을 거라고. 플랫폼에 서 있는 동안 키엡스키 역에는 만남과 이별, 재회의 감정이 쉴 새 없이 교차했다.

기차가 내릴 때마다 한 움큼씩 쏟아졌고, 문이 열릴 때마다 밀물처럼 휩쓸려 나갔다. 마치 타다 남은 재가 날리듯 감정은 아무렇게나 흩날렸지만 사람들은 무심한 표정을 지었다. 나는 한동안 그들을 바라봤다. 열차표는 없었지만 플랫폼에 서서 만남을 보고 헤어짐을 느꼈다. 세차게 떨어지는 물줄기를 맞은 듯 옴짝달싹 할 수 없었기 때문이다. 시간이 지날수록 가슴에 무언가가 그렁그렁 맺혔다.

　내 첫 번째 이별은 몹시 아팠다. 흩어지는 5월의 벚꽃에 '아, 이제 아무도 그립지 않아'라고 낮게 말하던 어느 봄날, 문득 돌이켜보니 계절은 열한 번 지나 있었다. 나는 이별에 대한 두려움으로 만남을 주저했고 '사랑에 빠지면 자연스레 뛰어들 거야'라고 거짓말을 했다.
　두 번째 이별은 그보다 덜했지만, 그래도 아프지 않을 리가 없었다. 네 개의 계절이 필요했고 두 번의 여행을 내달려야 했다. 세 번째 이별은 거의 아프지 않았다. 그 계절보다 먼저 마음이 식어버렸다.
　네 번째 이별하던 날, 나는 다음 만남을 간절히 기다렸다. 아프지 않은 내가 끔찍했기 때문이다. 카페 창에 비친 내 얼굴에는 겨울이 서려 있었다. 다시 이별하게 된다면 최대한 아프게 해야지, 그렇게 다짐했다.
　진밤색 모피 코트에 파란 실뜨개 모자를 쓴 노부인이 내게 꽃 한 송이를 내밀었다. 모스크바 기차역에는 늘 꽃을 파는 사람들이 있다. 대부분 젊은 남성이거나 노부인인데, 아마 그들만이 플랫폼에서 교차하는 감정에 무딜 수 있기 때문일 것이다. 이별, 재회 같은 흔한 것 따위에는 이미 이골이 난 듯한 그녀의 표정이, 주름이, 꽃을 건네는 손의 굳은살이 동

시에 내게 향했다. '이별에 대한 두려움 하나만 빼도 인생이 훨씬 가벼워져.' 마치 이렇게 말하는 것 같았다.

"스꼴까 에또 스또잇? *сколько это стоит?* (얼마입니까?)"

유로피안 몰 2층 커피숍 컴퍼니에서 그녀에게 꽃을 건넸다. 그녀는 언젠가 기회가 된다면 서울의 한 미술관에서 만나자고 했다. 나 역시 그럴 수 있기를 바란다고 했다. 마지막 인사를 했을 때, 그녀는 다가와 내 코트 깃을 세워줬다.

노란색 장미가 조금씩 멀어졌다. 겨울바람을 타고 나부끼더니, 이내 도시의 밤 속으로 사라졌다. 평범한 이별 하나가 밤의 기차역에 더해졌다. 아파트에 돌아오는 내내 코트 깃을 양손으로 잡고 걸었다. 이윽고 내가 입은 코트가 한 장으로 줄었다는 것과 머플러와 장갑이 없다는 것 그리고 어깨를 털지 않고 있다는 것을 알게 되었다.

'봄이 오려나 봐.'

그 길에 흩날린 감정이 슬픔이었을까 아니면 벅차오름이었을까. 그날 밤엔 지독히도 잠이 오지 않았다.

오늘은 하루 온종일 헤어질 생각뿐이었다.
이만큼 간절히 이별만을 떠올린 날이 있었던가.
이토록 뜨겁게 이별을 열망했던 적이 있었던가.
마치 오늘 사랑에 빠지면 세상에서 가장 불행한 사람이 될 것처럼.

왜　이별은

정이　들　때까지

기다렸다　찾아오는지

열흘 하고도 이틀이다. 6시간의 시차쯤은 이제 완전히 적응했다 생각했지만, 어제는 새벽 5시가 되어서야 겨우 잠들었다. 아침 9시에 눈을 떴을 때는 어느새 제법 부지런해진 해가 밝아왔다. 텔레비전에서는 그녀가 선물한 샤데이의 DVD 영상이 지난밤부터 쉬지 않고 반복되고 있다.

'나 여기 온 지 벌써 열이틀이 지났어. 믿겨져?'

마지막 아침식사를 준비하며 혼잣말을 뱉으니 제법 여행자 같다. 이제야 말이다. 냉장고 속에 남은 토마토와 치즈, 양상추, 파프리카, 민트를 샐러드 볼에 모두 넣고 어제 먹다 남은 빵 반쪽을 더하니 조식 치고는 제법 푸짐하다. 아무래도 오늘 점심은 못 먹겠지 싶다. 텔레비전 속 공연은 한 바퀴를 돌아 다시 처음부터 시작되고 있다.

식사를 마치고 설거지까지 끝냈지만 아직 약속된 체크아웃 시간은 1시간 40여 분이나 남았다. 어젯밤 울컥이는 손짓으로 미리 짐을 쑤셔 넣은 덕분에 나는 언제든 떠날 수 있는 상태다. 그새 애증 비슷한 관계가 된 28인치 애물단지 트렁크와 두툼한 백팩을 아파트 현관 어귀에 놓으니 영락없이 닷새 전, 이 아파트에 처음 오던 날의 풍경이다. 시간이 지나긴 한 걸까?

특별히 목적지가 있었던 것은 아니었다. 가만히 숙소에 앉아 있기도 적적한 데다 창밖으로 보이는 조각하늘의 파란색에 이끌렸다는 것이 이유였달까. 이곳에 온 뒤 처음으로 얇은 티셔츠 위에 코트 한 장만 걸치고 길을 나섰다. 내 살갗처럼 챙기던 발열 내복은 간밤에 트렁크에 넣어 뒀다. 거짓말처럼 기온이 영상으로 오른 이 날 아침은 코끝에 닿는 공기며 들이마시는 숨에서 전에 없던 포근함이 풍겼다.

간밤의 눈보라에 쓰러진 듯한 표지판의 글자 'такси'를 보자마자 나는 "탁시"라고 소리 내 읽었다. 억눌렀던 아쉬움이 몰려왔다.

'이제 막 정이 들었는데 말야.'

아파트가 있던 키옙스카야에서 모스크바 강을 건너 스몰렌스카야까지 걸었다. 모스크바 강 위의 얼음은 고작 두어 조각만이 남았고 곳곳에 쌓여 있던 눈이 녹아 도시 전체를 흥건히 적셨다. 꼭 내일이라도 봄이 올 것 같은 풍경이었다. 다리 너머로 골든 링 호텔과 외무성 건물이 보였다. 호텔에서 아파트로 숙소를 옮기던 날에는 이 강을 건널 생각을 하

지 못했다. 나는 눈 녹은 단단한 다리를 통통 튀며 걸었다. 길에서 전에
없던 묘한 탄력이 느껴졌다.

산책의 반환점에는 매일같이 들르던 폴 베이커리가 있었다. 여느 날
과 다름없이 손가락과 눈썹으로 초콜릿 케이크 하나를 주문했다. 내 차
림이며 표정에서 무언가 눈치 챘는지 점원은 평소와 달리 활짝 웃어줬
다. 나는 영어 대신 짧은 러시아어를 건넸다. 가슴에 달린 안나Анна라는
이름표가 처음 눈에 들어왔다.

"쓰바씨바, 안나Спасибо, Анна(고마워 안나)."

다시 모스크바 강을 건너 아파트까지 걸어오는 길에는 시계를 보지 않았다. 재촉하지 않아도 나는 다시 아파트로, 공항으로 그리고 서울로 돌아가는 중이니까. 티켓을 예약하던 그 순간에는 까마득하게 보이던 열이틀이 기어이 지나갔다. 지금은 그저 그 사실을 만끽하는 것으로 충분했다.

언제나 사람으로 들끓던 키옙스키 기차역과 쇼핑몰 사이의 공간도, 아파트로 돌아가는 골목들도 지난밤과 달리 고요하고 평온하기만 했다. 사람들은 정류장 앞에 모여 버스를 기다리고 가방을 맨 어깨 반대편 손으로 기차역 문을 열었다.

하긴 매일 수천, 수만 명의 사람이 드나드는 이 도시에서 헤어짐 하나에 특별한 의미가 있을 리 만무하다. 마지막까지 날 괴롭힌 28인치 애물단지 트렁크를 끌며 이 도시와 멀어지는 아쉬움을 아는지 모르는지 사람들은 분주히 무언가를 기다리고, 다가오고 멀어지는 행위를 반복했다. 지하철을 타고 벨로루스카야 역으로, 다시 아에로 익스프레스를 타고 셰레메티예보 국제공항으로 향했다. 제법 긴 시간 동안 내가 무엇을 떠올리고 어떤 공상에 빠져 있었는지 이제는 전혀 기억나지 않는다. 그저 '지하철 5회권 중 2회가 아직 남았는데'라는 아쉬움 정도가 남았던 것 같다. 수첩과 기억 속 어느 곳에서도 기록을 찾을 수 없는, 그 여행 중 가장 긴 침묵이었다.

'이제, 꿈에서 깰 시간이야.'

'언젠가 또 이런 날이 올까?'

1월 16일 오후 5시, 모스크바 셰레메티예보 국제공항. 인천으로 가는 대한항공 KE924편이 이륙하기까지 이제 1시간 정도가 남았다. 시각은 아직 늦은 오후에 머물러 있지만 겨울 도시는 이미 붉은 밤으로 옷을 바꿔 입은 지 오래다. 나는 벌써 몇 분째 허리를 굽히고 발끝을 가만히 응시하고 있다. 얼마 만에 이렇게 한 곳에 시선을 놓아 보는지 기억을 더듬어봤다. 아마 넋을 잃고 합정역 스크린 도어를 바라본 그날 밤 이후 처음이 아닐까?

여행을 얼마 앞두고 장만한 발목까지 오는 검은색 부츠는 그새 열 살

248

쯤 나이를 먹은 듯 늙고 낡았다. 가죽이 이리저리 일그러진 것은 물론 곰팡이인지 모를 하얀 자국마저 보기 흉하게 퍼져 있었다. 열이틀 만에 다시 셰레메티예보 공항에 돌아온 나는 처음 왔던 날과 같은 코트를 입고 백팩을 맸다. 가방 속의 옷가지며 수첩과 사진기는 물론 여권도 모두 처음 이 공항에 왔던 날과 같다. 영등포 지하상가 출신 28인치 애물단지 트렁크 역시 무사히 비행기를 탈 예정이다. 언뜻 그날과 다름없어 보이는 내게 오직 이 낡은 구두만이 지난 여행을, 그 시간을 이야기하고 있다. 그래, 이 녀석만큼은 제 몫을 해줬다. 그것이 이 낡은 구두에서 눈을 뗄 수 없는 이유다.

이 부츠를 한국에서 다시 신거나 어딘가를 함께 떠나는 일은 없을 것이다. 하지만 이 볼품없는 구두를 버리는 데는 아주 긴 시간이 필요할 것 같다는 생각을 했다. 언젠가 여행이 혹은 이 날의 내가 그리워져 늙은 구두에 발이나마 한 번 넣어볼 새벽녘이 올 테니. 이런 감상에 빠져 있을 때 내 시야로 '이건 분명 미친 짓이다'로 시작한 빨간색 몰스킨 수첩이 들어왔다. 물기 가득했던 그곳의 날씨 탓인지 아니면 열이틀의 시간과 기억을 머금어서인지 처음보다 제법 두툼해졌다.

돌아오는 비행기 안은 떠나던 날과 같이 새까만 암흑이었고, 이따금씩 휘청거렸다. 처음 오던 날 오후처럼 나는 한숨도 잘 수 없었다. 다시 높은 음의 소리가 강약 없이 흘렀다. 야간 비행에선 창문을 열기 위해 승무원의 눈치를 볼 필요가 없었지만 창밖으로 볼 수 있는 것이라 해봐야 그저 날개에서 깜빡이는 불빛 정도였다. 11시간에서 9시간으로 짧아진 비행은 해가 지지 않던 그날과 반대로 끝없는 어둠뿐이었다. 하지만 더는 그것이 무겁게 느껴지지는 않았다. 나는 콧노래를 부르며 호텔을 나서던 아침을, 성 바실리 대성당과 마네쥐나야를, 여행에서 가장 환하게 빛나던 붉은 광장의 조명을 떠올렸다. 그제서야 무언가 적을 용기가 났다. 나는 발아래 넣어둔 가방에서 수첩을 꺼냈다. 이번 여행의 마지막 페이지를 채우기 전에 어느 때보다 긴 한숨을 내쉬었다.

안내방송이 흘러나왔다. 서울의 삶으로 돌아가는 길은 6시간이 지났고 앞으로 3시간 정도가 남았다. 열이틀간 나를 밀고 끌었던 긴 흥분이 이제야 조금씩 가라앉는 것을 느꼈다. 가는 길보다 돌아오는 길이 짧은 것은 비단 친구 집이나 목욕탕에 다녀올 때만은 아닌 것 같다.

거짓말 같은 겨울 도시 속에서 내가 내내 떠올린 것은 '소망'이나 '청춘', '바람' 같은 뻔한 단어가 아니었다. 그간 '어쩔 수 없지'라는 말로 나를 속이며 노력 없이 놓아 버린 것들과 그렇게 잃어가는 것에 무감각했던 나였다. 낯선 도시에서 나는 생각했던 것보다 어른이었고, 충분히 무모하고 적당히 용감했으며 무엇보다 행복할 만한 자격이 있었다.

여행에서 마주한 장면과 감격, 인연들을 그 도시에 두고 온 것은 언제가 될지 모를 다음을 기약하는 의미는 아니었다. 다만 단 하나 챙겨 온 것에 집중하고 싶었다. 왜 그때 좀더 궁금해 하거나 다가가지 않았는지. 진작 무모하지 못했는지. 아직 그 겨울 누구보다 행복했던 그 '소년'이 상실에 익숙해진 내게 던진 질문에 이제 돌아간 후의 대답만이 남았다. 부디 그 대답이 내 기대보다 훨씬 더 그럴듯한 것이길.

그렇게 나는 돌아왔다. 서울에서는 이른 아침부터 햇살이 넘쳤다. 좀 쌀쌀하기는 했지만 이 정도면 온화한 날씨다. 얼마 되지 않아 거짓말처럼 봄소식이 들렸다. 예년보다 빠른 봄소식이었다. 하지만 나는 한동안 겨울 속에 머물며 많은 것들에 시달렸다. 두고온 시간이며 감정에 대한 그리움, 열이틀보다 많은 시간이 필요한 시차 적응 그리고 비행기 티켓과 숙박 요금이 적힌 카드 명세서.

2월 마지막 주, 나는 부산으로 여행을 떠났다. 봄이 오길 가만히 앉아 기다릴 수 없다는 것이 핑계였지만 실은 그 겨울에서 하루빨리 '해방'되고 싶다는 바람이 강했다. 부산행 기차 안에선 피아노 연주곡을 흥얼거렸고 도착하자마자 얼 그레이 티를 마셨다. 광안리에서 해운대, 기분이 내키면 달맞이 고개까지. 그저 걷는 방향에 따라 왼쪽 혹은 오른쪽으로 고개를 기울이는 것이 전부였다. 그리고 중간 중간 수첩을 꺼냈다. 전과

같은 디자인의 녹색 몰스킨 수첩이었다. 삼일 만에 한 권이 금방 채워졌다. 부산에서 돌아오는 KTX 열차 안에서 반가운 사진 한 장을 받았다. 모스크바, 그녀에게서 온 것이다. 한눈에 그녀의 나무라는 것을 알아봤다. 나무는 여전히 군데군데 눈이 쌓여 있었지만 어쩐지 내게는 그것이 겨울 도시에도 봄이 왔다는 소식처럼 들렸다.

'아무래도 너무 많이 두고 왔나봐.'

부산에서 돌아온 날 밤 1시 55분. 나는 오랜만에 열이틀간의 사진들을 들췄다. 돌아온 후 처음이다. 기대했던 것과 달리 거짓말처럼 보고 싶지 않아 한 켠에 밀어뒀다. 1월 5일부터 17일까지의 기억을 말이다.

이제는 너무 오래 지나버린 과거였지만 사진 속에서는 그때 알지 못한 것들이 보였다. 서툴고 미흡했지만 맨 처음 낯선 도시의 이름을 여행지로 올리고, 마침내 10시간을 날아 도착하던 그 순간의 묘한 기분이 담겨 있었고 난생처음 보는 길을 걷고 말이 통하지 않는 사람들과 조금씩 '언어 없는 대화'를 하며 느끼는 즐거움이 묻어 있었다. 낯선 땅에 내딛었던 어색한 발걸음, 텔레비전이나 사진 속에서만 보던 풍경에 그저 껄껄 웃었던 것을 기억한다. 그저 '내가 이곳에 서 있다'는 것만으로 충분하다는 고백이 들렸다. 사진 속에는 내가 없었지만, 그곳에 분명 내가 있었다.

서랍에서 빨간 수첩을 꺼냈다. 랩톱 컴퓨터를 꺼내 폈다. 무언가 적고 싶어서 견딜 수가 없었다. 심장 박동 소리가 귓바퀴 언저리에 울렸다. 펜을 쥔 손이 미세하게 떨렸다. 얼마만이던가.

나의 첫 여행기는 그렇게 시작되었고, 그 도시에 머문 것보다 훨씬 더 긴 시간 동안 이어졌다.

'미 친 여 행 in 모 스 크 바'
그 후 의   이 야 기

    한겨울 단꿈 같던 여행도 결국 끝이 났습니다. 서울에 돌아온 후 얼마 지나지 않아 봄소식이 들렸고 여느 해보다 빨리 찾아온 그 해 봄 여동생은 10년의 열애 끝에 결혼식을 올렸습니다. 그날 저는 너는 아직 무엇하고 있냐, 그 염병할(?) 턱수염은 무어냐는 고모들의 잔소리를 피해 다녀야 했고요. 하객들이 떠난 빈 식당에서 축의금이 담긴 가방을 들고 늦은 점심 식사를 하며 저는 모스크바에서의 어떤 저녁 식사 시간을 떠올렸습니다. 장소도 메뉴도 다른 그 순간이 겹쳐진 이유를 아직도 저는 잘 모르겠습니다.

    겨울 도시가 가장 차가웠던 1월, 10박 12일의 여행. 다녀온 후 참 많은 이들에게 그날의 이야기를 했습니다. 주로 '내가 얼마나 고생했는가'에 초점이 맞춰져 있던 무용담은 반복될수록 거창하게 부풀었지만 정작 다녀온 후 제 생활은 조금도 달라지지 않았습니다. 여전히 저는 일상을 위한 일상을 반복하고 있었고 다시 긴 하루와 짧은 한 주를 보내게 되었으니까요. 그렇게 그 여행과 조금씩 꾸준히 멀어져 갔습니다. 계절처럼 말이지요.

군이 여행 이야기가 아니더라도 대부분의 이야기는 그대로 두면 사라집니다. 마치 탁자 위에 둔 설탕물처럼 서서히 증발해버리지요. 바닥에 찌꺼기야 좀 남는다고 해도 사람들은 그것이 더는 달콤하다고 여기지 않습니다. 돌아온 지 한 달쯤 지나 그곳에서의 이야기를 정리하게 되었습니다. 장소와 시간별로 단락을 나누고 저와 제 감정에 관한 것은 따로 빼 몇 덩이로 묶었습니다. 떠나기 전 그야말로 '무대책'이었던 제가 이렇게 바뀐 것이 그 여행 때문인지 아직은 잘 모르겠습니다. 때마침 오픈한 카카오의 작가 플랫폼 브런치www.brunch.co.kr는 좋은 공간이 되어줬고 준비 없이 떠난 제 무모함을 비웃는 '미친 여행 in 모스크바'라는 제목 아래 여행 이야기를 연재했습니다. 설익은 솜씨지만 또 다른 '미친 여행자'에게 제가 보고 또 담아온 러시아 모스크바의 풍경 그리고 이야기가 도움이 되길 바라면서요. 운 좋게도 약 30여 편의 글이 분에 넘치는 공감을 얻었고, 제1회 브런치북 프로젝트에서 금상을 수상하게 되었습니다. 그 무렵 거짓말처럼 울린 출판사 담당자분의 진화를 받으며 저는 아주 오랫동안 잊고 있던 제 꿈을 떠올렸습니다. '생각을 파는 사람.'

출간 기획안이 통과되었다는 연락을 받을 때까지만 해도 이것은 꽤 낭만적인 이야기였습니다만, 원고 준비 과정은 그렇지 못했습니다. 마침내 내용을 완전히 바꿔보는 것이 어떻겠냐는 담당자의 이야기에 잠시 동안 많은 생각을 했지만 곧 묘한 흥분에 사로잡힌 저를 발견했습니다.

"네, 그렇게 해볼게요."

돌아보면 꼭 그 여행처럼 무모했던 것 같습니다. 그렇게 백지에서 다시 시작한 원고는 계절을 두 번이나 지나 한여름 끝 무렵에야 겨우 완성되었습니다. 답답한 방이며 카페 안에서 빛나던 붉은 광장을, 40여 년 만의 무더위와 열대야에 시달리며 영하 30도의 혹한을 추억했습니다.

광고판 속 사진 하나에 홀려 겨울 도시로 여행을 다녀온 후 1년 반. 그사이 저는 제법 여행을 다니는 사람이 되었습니다. 모스크바로 향하던 비행기 안에서도 아련히 꿈꿨던 체코 프라하를 다녀왔고, 그곳에서 멋진 인연도 만나게 되었습니다. 요즘도 저는 간간히 낯선 도시를 돌며 그 매서웠던 겨울을 떠올립니다. 이 모든 것의 시작에 분명 그 미친 여행, 정신 나간 결정이 있었다고 믿습니다.

그 겨울 모스크바, 그곳에서 붉게 빛나던 열두 밤을 보냈던 저의 여행 이야기는 여기까지입니다. 브런치에서 '미친 여행 in 모스크바' 여행기를 보신 분들께는 에피소드 속에 숨어 있던 저의 진짜 여행이, 이 책을 통해 처음 저와 모스크바를 만나는 분들께는 '어느 김 대리'를 바꿔놓은 무모함의 가치가 작은 울림으로나마 전해지기를 손꼽아 기원합니다.

"쓰바씨바!"

부록

붉은 밤의 도시로
떠나기 전 알아야 할
몇 가지

1. 모스크바, 얼마나 알고 있니?

모스크바는 세계에서 가장 넓은 영토를 가진 러시아의 수도로 명실상부 러시아 경제, 문화, 정치의 중심지다. 면적은 서울의 네 배에 달하는 2,511제곱킬로미터로 세계에서 네 번째로 넓은 도시다. 인구는 1,211만 명(2014년 기준)으로 유럽에서 가장 많은 사람이 살고 있다. 한때 상트페테르부르크에 수도의 지위를 빼앗겼지만 14세기 러시아 제국 시대부터 소비에트 연방, 현대 러시아의 수도로 건축부터 문학, 예술에 이르기까지 찬란한 역사의 자취를 도시 곳곳에서 발견할 수 있다.

중심부에 위치한 붉은 광장과 크렘린 궁, 성 바실리 대성당은 모스크바뿐 아니라 러시아를 대표하는 랜드마크로 손꼽힌다. 그 외에도 세계 최고의 오페라 극장 중 하나인 볼쇼이 극장(Большой театр), 1856년 개관한 트레티야코프 미술관(Третьяковская Галерея), 대문호 알렉산드르 푸시킨 박물관 등 예술과 문학을 사랑하는 이들의 성지로 사랑받고 있다. 도시 중심부에는 서울의 한강을 연상 시키는 모스크바 강이 흐른다.

서울과 모스크바의 직선거리는 6,607킬로미터로 약 10시간의 비행시간이 소요된다. 대한항공과 러시아 항공 아에로플로트(Аэрофлот)가 인천 공항과 모스크바 셰레메티예보 국제공항(Международный Аэропорт Шереметьево)을 잇는 직항 노선을 운행 중이다.

2. 모스크바, 이것만은 알고 가자

언어

슬라브어에서 파생된 독자 언어인 러시아어를 사용한다. 러시아와 인근 구소련 지역 국가에서 사용하는 언어로 넓은 땅덩이와 많은 인구수 덕에 세계 6대 언어로 분류된다. 같은 슬라브어계 언어인 벨라루스어, 우크라이나어 및 폴란드어, 체코어 등 동유럽 국가 언어와도 유사성이 많다. 러시아어 하나만 알아도 러시아 전역은 물론 동유럽과 몽골, 일본의 홋카이도에서도 의사소통이 가능하다는 이야기가 있을 정도로 널리 사용된다.

기후

모스크바가 1년 내내 겨울일 거라 생각하는 사람이 많지만 의외로 모스크바는 봄, 가을은 물론 여름까지 경험할 수 있는 도시다. 다만 사계절 모두 평균 기온이 한국보다 10도가량 낮아 한여름에도 한국의 늦봄 정도의 포근한 기온에 머문다. 가장 추운 1월에는 영하 30도의 혹한과 폭설이 이어진다. 1년 내내 눈과 비가 자주 내리는 모스크바는 6~8월의 여름을 제외하면 화창한 날씨를 보기가 힘든 회색 도시로, 많은 시민들이 흐린 날씨로 인해 우울감을 호소한다.

화폐와 물가

러시아의 독자 화폐 루블(рубль, RUB)을 사용한다. 루블의 1/100 단위인 코페이카(копейка)가 있지만 거의 사용되지 않는다. 한때 38원/RUB의 몸값을 자랑했지만 계속되는 러시아 경제 침체와 유가 하락 등의 원인으로 2016년 1분기 환율이 14.32원/RUB 까지 급락했다. 급격한 화폐 가치 하락으로 한때 해당 국가의 물가를 가늠할 수 있는 빅맥지수가 1.53$까지 떨어지며 세계 최하위권을 기록하기도 했다. 2016년 10월 기준 환율은 약 18원/RUB이다.

환율이 크게 하락했음에도 음식과 쇼핑 체감 물가는 한국보다 2~30퍼센트 가량 저렴한 수준이다. 다만 외식 물가는 식자재 가격에 비해 다소 높은 편이어서 여행 경비에서 식비가 차지하는 비중이 크다. 반면 교통/통신 요금은 저렴한 편에 속해 사전에 지출 계획을 세워둔다면 효율적으로 경비를 절감할 수 있다.

대중교통

대중교통 시스템은 지하철과 버스 중심으로 운영된다. 특히 1935년 운행을 시작해 현재 도쿄, 서울에 이어 세계에서 세 번째로 이용자 수가 많은 모스크바 지하철 모스크비치 메뜨로폴리텐(Московский метрополитен)은 총 12개의 노선을 운영하고 있다. 주요 관광 명소는 물론 도시 전체에 역이 촘촘하게 배치되어 있어 지하철만으로 도시를 여행하기에 부족함이 없다. 메뜨로(Метро)는 세상에서 가장 아름다운 지하철이라 불리는데 스탈린 시대의 눈부신 영화를 엿볼 수 있는 아름다운 역사 내부는 모스크바 관광 포인트 중 하나로 손꼽힐 정도로 유명하다.

버스와 지하철은 같은 탑승권을 사용하며 탑승구의 기계에 표를 삽입해 펀칭하는 방식이다. 요금은 거리와 상관없이 1회 탑승에 40루블로 4회 요금인 160루블에 5회를 탑승할 수 있는 5회권을 구입하거나 선불 카드인 트로이카(Тройка)를 사용하면 회당 32루블까지 경비를 절약할 수 있다. 노선에 따라 차이가 있지만 대부분 오전 6시부터 자정까지 운영된다.

모스크바 지하철 공식 홈페이지: http://www.mosmetro.ru

트로이카 카드 홈페이지: http://troika.mos.ru

숙박 시스템

러시아의 수도 모스크바는 관광 산업이 발전한 도시는 아니다. 따라서 숙박 시스템은 주요 관광지 주변을 제외하면 업무 관계로 모스크바를 방문한 사람들을 대상으로 하는 비즈니스 호텔이 중심이다. 숙박 요금은 물가 대비 높은 편이며 여행객을 위한 숙소로 게스트하우스나 에어비앤비를 통한 임대 아파트가 활성화 되어 있다. 날씨가 포근하고 백야에 가깝게 낮이 긴 6~8월 여름철이 숙박 요금이 가장 비싸며 한겨울 비수기에는 매우 저렴한 가격으로 스탈린 양식으로 지어진 멋진 호텔에 머물 수도 있다. 아르바트 거리와 붉은 광장, 모스크바 강 주변에 있는 호텔에 머문다면 매일 밤 화려한 모스크바 야경을 감상하며 잠들 수 있다.

음식

추운 기후와 척박한 땅에 적응하기 위해 러시아인은 기름진 고기와 국물 요리를 중심으로 식문화를 발전시켜 왔다. 대표적인 주식은 초르니 흘렙(черный хлеб)이라는 검은색 빵으로 정제하지 않은 호밀가루로 만들어 어두운 빛깔과 신맛을 내는 것이 특징이다. 이 외에도 새콤한 맛의 수프 보르시(борщ), 양고기 꼬치 요리인 샤실리크(шашлык), 러시아식 만두 뻴메니(пельмень)가 대표적인 전통 요리로 알려져 있다. 하지만 서구 문명의 영향을 받은 수도 모스크바에서 러시아 전통 음식은 어려운 조리법과 비싼 가격 때문에 의외로 쉽게 접할 수 없는 요리가 되었다. 만약 모스크바에서 전통 음식을 맛보고자 한다면 외국인 관광객을 대상으로 하는 관광지나 전통시장을 찾는 것이 현명하다. 도시 중심가에는

여느 대도시와 마찬가지로 프랑스와 이탈리아 그리고 중국 음식점이 쉽게 눈에 띄며 맥도날드 같은 패스트푸드점이 넘쳐난다. 한마디로 말하자면 '음식 기행'에 모스크바는 그리 좋은 선택이 되지 못할 확률이 높다.

더불어 유독 단 맛을 좋아하는 러시아인들의 식성 때문에 모스크바는 디저트 문화가 상당히 발달되어 있어 식사와 함께 디저트를 주문하는 것이 일반적이다. 때문에 모스크바에서는 세계 어느 도시 못지않게 다양하고 화려한 디저트를 맛볼 수 있다.

통신/데이터 플랜
러시아는 통신 요금이 한국에 비해 저렴한 편이고 모스크바 시내 곳곳의 통신사 매장에서 비교적 쉽게 유심카드를 구매할 수 있다. 대표적인 통신사는 메가폰(Мегафон), 빌라인(Билайн), 엠떼에스(MTC) 세 곳이며 서비스 지역과 요금 체계에 차이가 있다. 관광객이라면 2~400루블의 기본요금에 일 단위로 요금이 차감되는 무제한 데이터 플랜을 구매하는

것이 가장 유리하다. 웹사이트를 통해 현재 잔액과 서비스 상태를 확인할 수 있으며 부족한 요금은 대리점이나 쇼핑몰, 지하철 역 등에 위치한 무인충전기를 통해 즉시 충전할 수 있다. 하루 1,000원 이내의 요금으로 무제한 데이터를 이용할 수 있지만 한국에 비해 턱없이 느린 데이터 속도를 감내해야 한다.

3. 모스크바, 이곳만큼은 가보자

붉은 광장(Красная Площадь)
모스크바 중심부에 위치한 면적 23,100제곱미터의 붉은 광장은 모스크바의 상징이라고 할 수 있다. 광장을 중심으로 크렘린 궁과 종합 백화점인 굼, 국립 역사박물관, 성 바실리 대성당 등 유명 건축물과 시설, 박물관이 붉은 광장을 둘러싸는 형태로 구성되어 있어 모스크바 여행의 시작과 끝으로 불린다. 붉은 광장이라는 이름은 빨간색이 아니라 '아름답다(красивы)'는 뜻의 러시아어 형용사에서 유래되었다.

주소: Red Square, Moskva, Russia, 109012
  지하철 1호선 Okhotny Ryad 역에서 도보로
  약 5분
입장료: 무료
홈페이지: http://www.moscow.info/red-square

성 바실리 대성당(Храм Василия Блаженного)

모스크바 붉은 광장에 위치한 성 바실리 대성당은 특유의 우아한 실루엣과 화려한 색으로 모스크바 그리고 러시아를 대표하는 건축물로 손꼽힌다. 러시아 전통 건축 양식과 비잔틴 양식이 혼합된 건축물로 1555년 모스크바 대공국 황제 이반 4세가 카잔 한국을 몰아낸 것을 기념하기 위해 세워졌다. 높이 47미터의 중앙 첨탑을 중심으로 양파를 연상시키는 독특한 모양의 원형탑이 둘러싸고 있는 형태이다. 내부는 현재 박물관으로 운영 중이다.

위치: 모스크바 붉은 광장 남동편(Red Square,
　　　Moskva, Russia, 109012)
전화: +7 495 698-33-04
운영시간: 11:00~17:00(9월 1일~11월 6일)
　　　　　11:00~18:00(11월 7일~4월 30일)
휴무: 매달 첫 번째 수요일
관람요금: 성인 350руб, 학생/어린이/노인 100руб
　　　　　(내부 사진/비디오 촬영 추가요금 있음)
홈페이지: https://saintbasil.ru

모스크바 크렘린(Московский Кремль)

'성채'를 뜻하는 크렘린(Кремль)은 러시아 제국 시절의 궁전으로 현재는 러시아 대통령 관저와 정부 기관이 있는 곳으로 유명하다. 2.25킬로미터 길이의 성벽과 20개의 성문으로 이뤄진 대규모 성채로 붉은 광장을 남쪽에서 감싸는 형태로 배치되어 있으며 광장 반대편으로는 모스크바 강과 마주하고 있다. 이반 대제의 종탑과 12사도 성당, 병기고 등 러시아 역사를 대표하는 다양한 시설을 한 번에 관람할 수 있어 여행객에게 가장 인기 있는 코스로 꼽힌다.

위치: 붉은 광장 남서편(Moscow, Russia, 103073)
전화: +7 495 697-03-49
운영시간: 10:00~17:00
휴무: 목요일
관람요금: 무기고 관람 700руб, 사원광장 500руб
　　　　　(관람 구역에 따라 다름)
홈페이지: http://www.kreml.ru/

굼 백화점(ГУМ)

국영 백화점(Государственный Универсальный Магазин)의 앞 글자를 딴 '굼'은 모스크바를 대표하는 상점으로 1893년 제정 러시아 시대에 국영 상점이라는 이름의 공장 건물로 지어졌다. 이후 러시아 혁명을 지나며 러시아 전통 건축 양식을 적용해 현재의 외형을 갖게 되었고 오랫동안 소비에트 연합의 경제 부흥을 과시하는 국영 백화점의 용도로 사용되었다. 소련 붕괴 후 굼 백화점 역시 민영화 되었지만 이름의 역사성을 인정해 종합 백화점이란 이름으로 기존 약칭을 그대로 사용하고 있다. 현재는 해외 명품 브랜드와 귀금속 등 사치품이 즐비한 모스크바 최고의 호화

상점 중 하나로 운영 중이다.

위치: 모스크바 붉은 광장 북동편(Red Square, 3, Moskva, Russia, 101000)

전화: +7 495 788-43-43

운영시간: 10:00~22:00

홈페이지: http://www.gum.ru

레닌영묘(Мавзолей В. И. Ленина)

1924년 사망한 러시아의 국부 레닌의 유해가 안치된 곳이다. 방부 처리되어 사망 당시의 모습 그대로 잠든 레닌의 모습에서 그에 대한 러시아인의 존경심을 느낄 수 있을 뿐 아니라 건축물 자체의 규모와 아름다움 역시 충분한 볼거리다. 일주일에 네 번, 오전 10시부터 오후 1시까지 한정된 시간에만 관람할 수 있는 귀한 몸으로 사진 촬영 및 전자기기 소지 역시 엄격히 제한된다.

위치: 모스크바 붉은 광장 남서편(Red Square, Moskva, Russia, 109012)

전화: +7 495 788-43-43

운영시간: 10:00~13:00(화, 수, 목, 토요일)

휴무: 월, 금, 일요일

관람요금: 무료(전자기기 반입불가, 보관료 1~200 руб)

홈페이지: http://lenin.ru

아르바트 거리(Арбат ул)

모스크바 강 서편 스몰렌스카야(Смоленск ая)부터 아르바트스카야(Арбатская)까지 이어지는 시가지로 모스크바 대공국 시절 귀족들이 모여 살던 흔적을 곳곳에서 발견할 수 있다. 구 아르바트 거리와 신 아르바트 거리로 나뉘며 현대화된 유럽식 번화가 신 아르바트 거리보다 옛 모스크바 정취를 간직한 구 아르바트 거리가 관광객들에게 인기다. 러시아 대문호 푸시킨의 신혼집 박물관, 소비에트의 영웅인 한국계 러시아인 빅토르 초이의 추모벽 등 러시아의 정신을 대변하는 흔적과 그림 시장, 거리 공연이 곳곳에 펼쳐지는 낭만의 거리다.

위치 : 모스크바 붉은 광장 북동편(Red Square, 3, Moskva, Russia, 101000)

운영시간 : 24시간

노보데비치 수도원(Новодевичий монастырь)

모스크바 바로크 양식의 정수로 손꼽히는 노보데비치 수도원은 2004년 유네스코 세계문화유산에 등재되며 그 아름다움과 가치를 인정받았다. 모스크바 대공 바실리 3세가 폴란드령이었던 스몰렌스크 지역을 탈환한 것을 기념하기 위해 1520년대 건립하기 시작했다. 12개의 탑으로 이뤄진 성벽에 둘러싸인 성모 승천 교회, 스몰렌스크 대성당, 중앙 대 종루의 배치는 모스크바 도시 계획과 붉은 광장의 축조 등에도 영향을 미친 것으로 알려졌다.

차이콥스키가 '백조의 호수'의 영감을 받았다고 알려진 수도원 건너편 노보데비치 공원 역시 산책과 여유를 즐기기에 제격이다.

주소: Novodevichy Passage, 1, Moskva, Russia, 119435

전화: +7 499 246-85-26

운영시간: 10:00~17:00

입장료: 무료

홈페이지: http://novodev.msk.ru

구세주 그리스도 대성당(Храм Христа Спасителя)

러시아 정교회 성당으로 현재도 종교 시설로 운영되고 있다. 높이 105미터로 세계에서 가장 높은 동방 정교회 성당이다. 1883년 최초로 건설되었지만 구소련 시절 스탈린에 의해 파괴되었다가, 소련 붕괴 후 러시아 시대에 와서 재건축되었다. 돔 형태의 성당은 순백의 외형과 금빛 지붕, 내부의 화려함까지 갖춰 모스크바의 어떤 건축물에도 뒤지지 않는 위용을 자랑한다. 모스크바 강과 인접해 있어 밤에 가장 화려하게 빛나는 건축물이기도 하다.

주소: ulitsa Volkhonka, 15, Moskva, Russia, 119019

전화: +7 495 637-12-76

운영시간: 10:00~17:00

입장료: 무료

홈페이지: http://xxc.ru

볼쇼이 극장(Большой театр)

세계 최고의 공연장 중 하나인 볼쇼이 대극장의 정식 명칭은 러시아 국립 아카데미 대극장(Государственный академический Большой театр России)이다. '볼쇼이'라는 이름은 러시아어로 '크다, 대단하다'라는 의미의 단어에서 유래되었다. 세계 최고의 오페라 공연을 볼 수 있는 곳으로 러시아와 서유럽 고전뿐 아니라 주목받는 현대 작가들의 작품까지 고루 감상할 수 있는 것이 장점이다. 특히 250명으로 구성된 볼쇼이 발레단은 세계적인 명성을 얻고 있다.

주소: Theatre Square, 1, Moscow, Russia, 125009

전화: +7 495 455-55-55

운영시간: 공연 일정에 따라 다름

홈페이지: http://bolshoi.ru

유로피안 쇼핑센터(Европейский Торго во-Развлекательный Центр)

지하철과 러시아 철도가 만나는 키옙스카야 (Киевская)역 맞은편에 있는 대형 쇼핑몰로 지상 4층, 지하 1층 규모에 수백 개의 의류, 잡화 매장과 카페, 레스토랑이 입점해 있다. 굼 백화점이 러시아 전통 양식의 전통 건축물에 고급 브랜드 매장 위주로 구성된 것과 달리 유로피안 몰은 외관부터 철저하게 세계 대도시 어디에서나 볼 수 있는 쇼핑몰의 형태이다. 입점한 매장 역시 자라와 H&M 등 해외 유명 SPA 브랜드이다. 이름에서 알 수 있듯 유로피안의 라이프 스타일을 선망하는 현대 모스크비치들의 모습을 여과 없이 볼 수 있다.

주소: Kiyevsky Station Square, 2, Moskva, Russia, 121059

전화: +7 495 921-34-44

운영시간: 10:00~22:00(일~목요일)

10:00~23:00(금, 토요일)

홈페이지: http://europe-tc.ru

4. 러시아 그리고 모스크바에 대한 오해 혹은 진실

"모스크바 하면 겨울이 떠오르는 데 1년 내내 춥나요?"

모스크바에도 사계절이 있다. 모스크바가 1년 내내 겨울 도시가 아니라는 것은 예비 여행자들에게 반가운 소식이지만 그렇다고 봄이나 여름철에 그림 같은 날씨를 기대했다간 실망할 확률이 높다. 모스크바는 영하 30도의 혹한부터 영상 30도의 무더위까지 계절에 따라 다양한 얼굴을 보여 주지만 1년 내내 흐린 날씨에 비와 눈 내리는 날이 많아 일조량이 매우 부족한 도시다. 일조량이 가장 적은 12월에는 한 달 동안 해를 볼 수 있는 시간이 20시간이 채 되지 않을 정도이다.

모스크바는 6~8월의 여름철에 여행객이 가장 많이 몰리는데 우리나라의 늦봄에 해당하는 20~25도의 포근한 기온이 유지되고 새벽 4시에 해가 떠 자정까지 해가 지지 않는 백야가 계속된다. 1년 중 일조량이 가장 풍부한 여름에는 체력만 뒷받침된다면 이른 새벽부터 자정까지 성 바실리 대성당 등 모스크바 주요 관광지를 가장 아름다운 모습으로 감상할 수 있다.

"러시아어를 몰라도 되나요?"

결론부터 이야기하면 그럴 수도, 아닐 수도 있다. 세계에서 가장 큰 나라 러시아의 수도 모스크바는 명실상부 현대 러시아 산업, 교통, 문화의 중심지이며 동시에 유럽 최대의 도시지만 의외로 외국인에게는 친절하지 않다. 오랜 공산주의 시대의 잔재는 러시아인에게 러시아 그리고 러시아어에 대한 자부심으로 그리고 서방 국가의 언어에 대한 경계심으로 남아 모스크바에서 영어로 길을 묻거나 의사소통을 하는 것은 불가능에 가깝고 원, 투나 오케이, 땡큐 정도의 만국공통어(?) 정도만 사용할 수 있다. 간절한 눈빛과 손동작은 결국 마음과 마음을 연결한다지만, 혹시나 현지인과의 로맨스라도 꿈꾼다면 미리 러시아어 몇 문장 정도는 외워두는 것이 좋다.

하지만 소련 붕괴 후 태어난 젊은이들은 상대적으로 외국인 그리고 서구 문물에 대해 개방적이다. 스타벅스와 맥도날드를 무척 좋아하며 낯선 여행자와 이야기하는 것을 즐기는 그들과는 영어로 의사소통이 가능한 경우가 많다. 주요 관광지의 안내문과 지하철 노선도에도 현재는 러시아어와 영어가 함께 표기되어 있어 언어에 대한 부담은 다른 유럽 도시와 큰 차이가 없다.

"러시아 거기 위험한 곳 아니에요?"
오랜 구소련 공산주의의 잔재와 특유의 무뚝뚝한 표정과 언어의 사람들, 간간히 들려오는 관광객 사고 소식 때문에 러시아 그리고 모스크바는 치안이 좋지 못한 도시, 여행하기에 적합하지 않은 곳으로 알려져 있다. 실제로 2000년대 초반까지 자신들의 일자리를 뺏는다는 이유로 동양인에게 '묻지마 폭행'을 일삼은 스킨헤드(Skinhead)가 악명을 떨치며 모스크바는 치안이 좋지 못한 도시로 인식되

었다. 하지만 푸틴 집권 이후 대대적인 소탕 활동으로 현재 스킨헤드는 자취를 감춘 것으로 알려져 있으며 여느 유럽과 다름없이 유명 관광지와 지하철역을 비롯해 도시 곳곳에서 순찰중인 경찰을 어렵지 않게 볼 수 있다. 외교부의 여행경보제도에서도 모스크바는 스페인과 이집트보다 양호한 '안전 지역'에 해당할 만큼 현재는 지표와 체감 모든 부분에서 상당히 안정되었다는 평가를 받고 있다.

다만 빈부의 격차가 매우 큰 도시인만큼 귀중품을 노출시킨 채 유명 관광지를 활보하거나 늦은 시각에 낡은 주택이 많은 빈민가를 돌아다니는 것은 자제하는 것이 좋다. 만약 길에서 노숙자를 마주치게 되면 되도록 몸을 피하는 것이 불상사를 줄이는 길이다. 이외에도 동유럽 국가에서 흔히 겪을 수 있는 인종차별이 러시아 수도 모스크바에도 염연히 존재한다. 아르바트 거리 등 동양인 관광객에게 '니 하오', '곤니치와' 등 아시아 국가의 인사말을 번갈아 외치는 호객꾼의 짓궂은 장난에 당황하지 않는다면 여행하기에 큰 위험은 없다.

5. 한국엔 없고 모스크바엔 있다, 그들만의 에티켓

"외투를 맡기고 들어오세요."
박물관과 미술관 등 모스크바 내 주요 관람

시설은 물론 대부분의 식당에는 입구에 외투를 벗어 맡기는 보관소가 있다. 모든 방문객은 이곳에 외투와 모자를 맡기고 내부 시설을 관람하거나 식사를 하는 것이 러시아의 에티켓이다. 실내에서 외투와 모자를 착용하지 않는 것이 예절이기도 하거니와 난방비가 무척 저렴한 모스크바는 겨울철 실내 온도가 높아 혹한을 대비한 두툼한 외투가 버겁게 느껴진다. 보관료는 물론 무료니 무거운 외투와 모자는 벗고 가벼운 몸과 맘으로 용무를 보도록 하자.

"사진 촬영은 추가요금을 내셔야 합니다."

모스크바 내 박물관과 미술관 중 상당수는 입장권과 함께 내부 시설과 작품 등을 사진과 동영상으로 촬영할 수 있는 '촬영권'을 추가로 판매한다. 입장권과 함께 구매한 노란 스티커 형태의 촬영권을 옷이나 가방에 붙이고 입장하는 방식으로 이 스티커 없이 내부를 촬영하면 내부 관리요원의 제지를 받는다. 촬영권의 가격은 시설과 사진/영상 등 촬영 종류에 따라 다르며 일부 시설과 관람실은 촬영 자체가 금지되는 경우도 있으니 판매소에서 미리 확인해두는 것이 좋다.

"새치기가 뭔데?"

모스크비치에서 한국과 같은 줄서기 문화를 기대하지 않는 것이 좋다. 지하철역과 에스컬레이터 등 사람이 몰리는 곳에서 형식적으로 줄을 서지만 이내 자연스럽게 새치기와 끼어들기를 한다. 도로에서도 마찬가지다. 신호등의 빨간불을 무시하고 무단횡단을 하는 모습이 모스크바에서는 흔한 일이다. 하지만 러시아인들이 마냥 무질서한 것은 아니다. 지하철, 버스에서 러시아인들은 노인에게 흔쾌히 자리를 양보하고 "쓰바씨바(감사합니다)"라고 말하는 것에 인색하지 않다. 한국인 못지않게 성격이 급한 러시아인은 차례대로 줄을 서거나 신호를 기다리기보단 그저 목적지를 향해 직진하는 것이 익숙한 것처럼 보인다.

표기	발음	뜻
Здравствуйте	즈드라스뜨부이찌예	안녕하세요.
Спасибо	쓰바씨바	감사합니다.
Простите	쁘라스찌께	실례합니다.
Хорошо	허라쇼	좋아요.
Сколько стоит вот это?	스꼴까 스또잇 보트 에따?	이것은 얼마입니까?
Да	다	네.
Нет	넷	아니오.
До свидания	다 스비다니야	안녕히 계세요.
один / две / три / четыре / пять / шесть / семь / восемь / девять / десять	아진 / 드베 / 뜨리 / 취뜨리 / 빠츠 / 쉐스츠 / 심 / 보심 / 제빗 / 제싯	1 / 2 / 3 / 4 / 5 / 6 / 7 / 8 / 9 / 10

7. 붉은 밤의 도시를 만난 열이틀간의 경로

1월 5일
모스크바 셰레메티예보 국제공항 도착 → 아에로 익스프레스 열차 탑승 → 벨로루스카야 역 도착 → 모스크바 골든 링 호텔

1월 6일
구 아르바트 거리 → 트레티야코프 미술관

1월 7일
성 바실리 대성당 → 붉은 광장 → 굼 백화점 → 마네쥐나야 광장

1월 8일
뤼미에르 갤러리 → 모스크바 강 → 볼쇼이 카메니 다리 → 붉은 광장 → 마네쥐나야 광장

1월 9일
빅토르 초이의 추모벽 → 푸시킨 신혼집 박물관 → 구세주 그리스도 대성당

1월 10일
키옙스카야 → 유로피안 몰

1월 11일
아르바트 거리 → 러시아 박람회장 베데엔하 → 포클로나야 언덕 → 전승 기념관

1월 12일
노보데비치 공원 → 노보데비치 수도원 → 고리키 공원 → 마네쥐나야 광장

1월 13일
모스크바 국립 대학교

1월 14일
볼쇼이 극장 → 쭘 백화점 → 푸시킨스카야

1월 15일
이즈마일롭스키 시장 → 붉은 광장

1월 16일
모스크바 셰레메티예보 국제공항

셰레메티예보 공항 방면
Международный Аэропорт Шереметьево

러시아 박람회장 방면
ВДНХ

이즈마일롭스키 시장 방면
Измайловский рынок

Садовая-Сухаревская улица

Садовая-Черногрязская улица

1-я Тверская-Ямская улица

Садовая-Кудринская улица

Тверская улица

푸시킨스카야
Пушкинская площадь

볼쇼이 극장
Большой театр

쭘 백화점
ЦУМ

Театральный проезд

Улица Покровка

마네쥐나야 광장
Манежная площадь

굼 백화점
ГУМ

붉은 광장
Красная Площадь

성 바실리 대성당
Храм Василия Блаженого

구 아르바트 거리
Старый Арбат

Моховая улица

빅토르 초이의 추모벽
Стена Цоя

푸시킨 신혼집 박물관
Мемориальная квартира
А.С.Пушкина

볼쇼이 카메니 다리
Большой Каменный мост

Смоленский бульвар

구세주 그리스도 대성당
Храм Христа Спасителя

Улица Земляной Вал

Николоямская улица

Улица Земляной Вал

뤼미에르 갤러리
Центр фотографии
им. братьев Люмьер

트레티야코프 미술관
Государственная
Третьяковская Галерея

Зубовский бульвар

Улица Большая Полянка

Пятницкая улица

Улица Большая Ордынка

Новоспасский проезд

고리키 공원
Парк Горького

Валовая улица

Большая Серпуховская улица

Люсиновская улица

Мытная улица

Москва река

Ленинский проспект

Велозаводская улица

Третье транспортное кольцо

Третье транспортное кольцо

국립중앙도서관 출판시도서목록(CIP)

인생이 쓸 때, 모스크바 : 혹한의 계절, 붉은 밤의 도시로 떠난 10박 12
일의 미친 여행 / 김성주 지음. -- 고양 : 위즈덤하우스, 2016
    p. ;   cm

권말부록: 붉은 밤의 도시로 떠나기 전 알아야 할 몇 가지
ISBN 978-89-5913-090-0 03980 : ₩15000

모스크바[Moskva]

981.2902-KDC6
914.704-DDC23   CIP2016028209

혹한의 계절, 붉은 밤의 도시로 떠난 10박 12일의 미친 여행

인생이 쓸 때, 모스크바

초판 1쇄 인쇄 2016년 11월 25일
초판 1쇄 발행 2016년 12월 2일

지은이 김성주
펴낸이 연준혁

출판 2분사 편집장 박경순
편집 김하나리
디자인 김준영

펴낸곳 (주)위즈덤하우스 **출판등록** 2000년 5월 23일 제13-1071호
주소 경기도 고양시 일산동구 정발산로 43-20 센트럴프라자 6층
전화 031)936-4000 **팩스** 031)903-3893 **홈페이지** www.wisdomhouse.co.kr

값 15,000원 ISBN 978-89-5913-090-0 [03980]